Python语言实践及数据分析

董现垒　魏哲学 ◎ 主　编

清华大学出版社

北　京

内 容 简 介

本书是一本面向数据分析介绍Python编程的实践教材,旨在帮助读者掌握Python语言的基础知识和核心技术、提高解决实际科学计算问题的能力。本书内容丰富,涵盖了Python编程的各个方面,包括Python的基本编程规范、常用内置数据类型、程序流程控制、列表和数组、函数和模块、面向对象的程序设计、输入输出、文件和数据库应用等内容。书中给出了各种跨学科的Python程序示例,难度适中,有助于读者循序渐进地掌握Python编程的核心技术和应用方法。通过系统学习,读者可以深入地理解Python编程的思想和方法,实现高效灵活的编程和便捷有效的科学计算。

本书可以作为数据科学、计算机科学、经济管理、统计、数字媒体技术、办公自动化等相关专业研究生、本科生或专科生的教材,也可以作为相关从业人员的工具书或Python爱好者的进阶自学用书。

图书在版编目(CIP)数据

Python 语言实践及数据分析/董现垒,魏哲学主编. —北京:清华大学出版社,2024.3
ISBN 978-7-302-65505-3

Ⅰ. ①P⋯　Ⅱ. ①董⋯　②魏⋯　Ⅲ. ①软件工具 – 程序设计　Ⅳ. ①TP311.561

中国国家版本馆 CIP 数据核字(2024)第 044670 号

责任编辑:付潭娇
封面设计:汉风唐韵
责任校对:宋玉莲
责任印制:沈　露

出版发行:清华大学出版社
　　　网　　　址:https://www.tup.com.cn,https://www.wqxuetang.com
　　　地　　　址:北京清华大学学研大厦 A 座　　　　　　邮　　编:100084
　　　社 总 机:010-83470000　　　　　　　　　　　　邮　　购:010-62786544
　　　投稿与读者服务:010-62776969,c-service@tup.tsinghua.edu.cn
　　　质 量 反 馈:010-62772015,zhiliang@tup.tsinghua.edu.cn
　　　课 件 下 载:https://www.tup.com.cn,010-83470332
印 装 者:三河市龙大印装有限公司
经　　销:全国新华书店
开　　本:185mm×260mm　　　　　印　张:13.25　　　字　　数:299 千字
版　　次:2024 年 3 月第 1 版　　　　　印　次:2024 年 3 月第 1 次印刷
定　　价:49.00 元

产品编号:096317-01

随着大数据时代的来临，数据处理技术已经渗透到各个领域，现在的教育基础也正逐渐从"读、写和算术"变成"读、写和计算"。在这个背景下，利用编程实现数据分析已经成为每个学科及专业学生的必备素质。作为一种功能强大、易学易用的编程语言，Python语言已经成为数据分析的首选工具。在科学与现实的环境中，大家需要利用编程技术完成各种计算工作，需要学习程序设计的基本方法和应用技巧。这些技术和方法能够广泛地被应用于信息处理、数据科学、人工智能等诸多领域，因此，为了帮助各专业的学生更好地掌握Python语言在数据分析方面的应用和实践，编者编写了这本《Python语言实践及数据分析》图书。

本书的主要目标是通过提供经验和必要的基本工具使学生能够进行更加有效的科学计算。事实上，通过编程进行科学计算是一种自然而然、富有成就和充满创造的体验。通过循序渐进地学习，辅以数学、管理学中的典型应用案例，本书为学生提供了使用Python编写程序以解决相关问题的机会。本书旨在帮助读者全面了解Python语言在数据分析领域的应用和实践，通过系统的内容和丰富的案例让读者掌握Python语言的基础知识、数据分析的核心技术和实际应用的解决方案。同时，本书还注重培养读者的实践能力和创新思维，帮助读者更好地应对实际工作中面临的挑战。

本书还提供了一种跨学科的方法。考虑到课程面向的学生主体有可能是多类别的，为了更好地满足读者的需求，本书在编写过程中充分考虑了管理、经济等各类专业学生的特点和需求，采用了通俗易懂的语言和生动形象的案例，使内容更加贴近实际、更加易于理解。本书将重点讲述编程计算在管理学中的重要地位，以及演示数据智能是如何支持生活实践中的管理决策的。这种跨学科的方法向学生强调了一种基本思想，即在当今世界中，数学、管理学、工程学都已和计算紧密结合在一起。本书可以作为众多专业的基础课程，包括一些文科专业和理科专业，也可以作为算法设计与分析、机器学习、人工智能、大数据分析与预测等课程的先行课程。

总之，这是一本全面介绍Python语言在数据分析领域应用的实用书，适用于所有对编程和数据分析感兴趣的读者。通过对本书的学习，读者将能够深入了解Python语言和数据分析的应用和实践，提高自己的综合素质和职业竞争力，为未来的学习和工作打下坚实的基础。

本书由山东师范大学董现垒和魏哲学共同编写。由于时间关系和编者学识所限，书中不足之处在所难免，敬请诸位同行、专家和读者指正。

编者

2023 年 10 月

目录

## 第1章

第一个Python程序

 引言

本章的目标是向读者展示如何利用 Python 编程解决现实中的科学计算问题。尽管编写程序有时候不是一件很容易的事情，但它会让人觉得很有意思并富有成就感。通过对本章的学习，读者可以逐渐通过编写程序表达自己的思想，实现对现实问题的模拟和计算。

 课程素养

本章通过对 Python 的初步介绍，能够让读者了解 Python 的基础语法和基本格式，初步学会在开发环境中调试程序，培养严谨的科学作风，理解并敬重工匠精神，从而发扬工匠精神。

 思政案例

天天向上的力量——每天进步 1%

```
（1 + 0.01）**365
37.78343433288728
（1 - 0.01）**365
0.025517964452291125
```

努力和不努力的鲜明对比在于，每天进步 1%，一年后就能进步到原来的近 38 倍；而每天懈怠 1%，那么一年后就只剩 2%了。

业精于勤，荒于嬉。不负青春，不负韶华，不负时代，自律自强。

 教学目标

编写并运行一个简单的 Python 程序，引导读者进入 Python 程序设计的世界。主要目标是：①掌握 Python 编程的基本步骤；②完成本节的 Python 编程任务。

 知识要点

本章所有程序一览表

程序名称	功能描述
程序 1-1 (helloworld.py)	输出"Hello, World!"
程序 1-2 (hiName.py)	使用命令行参数进行人机交互
程序 1-3 (turtleFigure.py)	实现一个蓝色正方形和红色半圆的可视化

小节引例

设想一个场景，让机器和任意的一个人进行互动，例如，操作者告诉机器他的名字是 Tom，机器会针对性地回答："Tom, how are you?"本章将使用 Python 实现这个场景。

超链接：https://www.python.org/。

学习 Python 的首要任务是访问 Python 官方网站，获取并安装 Python，然后进行基本配置。

1.1　Python 程序设计

Python 编程过程可被分解为两个步骤，具体如下。

（1）键入代码编写程序并将代码保存到一个文本文件中，例如，helloworld.py。

（2）在控制台命令窗口中通过键入"python helloworld.py"命令的方式执行程序。

在步骤（1）中，从新建空白文本文件开始，输入一系列代码字符，过程就像写电子邮件或文本文档一样。程序员使用代码描述程序文本，而创建和编辑代码的行为则被称为编码。在步骤（2）中，计算机的运行控制从系统转移到所运行的程序（程序运行结束后，运行控制将重新被交回系统）。目前有很多不同的编写和运行程序的方法，本书统一选用上述步骤，因为该步骤非常易于描述和开发程序。

1. 编写 Python 程序

Python 程序就是保存在后缀为.py 的文件中的字符序列。只要使用文本编辑器就可以创建 Python 程序文件，开发者可以使用任何文本编辑器编写 Python 程序。

2. 执行程序

程序编写后即可被运行（或称执行）。运行程序时，程序将获取计算机的控制权（在 Python 允许的条件下），准确地说，是由计算机执行程序的指令，更准确地说，是 Python 编译器将 Python 程序编译成更适合在计算机上执行的计算机语言，然后 Python 解释器指示计算机执行程序指令。在本书中，笔者将使用术语"执行"（executing）或"运行"（running）描述编译、解释及执行程序的过程。要使用 Python 编译器和解释器执行一个程序，可在控制台命令窗口中键入 Python 命令并加上程序的文件名。

下面的例子可以说明 Python 编程的整个过程。

程序 1-1 是一个完整的 Python 实例（尽管它非常简单），它的代码位于 helloworld.py 文件中。该程序的功能就是在控制台中输出一条语句。Python 程序由一系列语句组成，一般情况下，一条语句占一行。

（1）helloworld.py 文件的第 1 行包含一条 print 语句。该语句调用 print()函数，作用是在控制台输出指定文本（括号内的文本）。

（2）第 2 行为空白行。Python 程序编译、执行时将忽略空白行，空白行主要用于分隔代码中的逻辑块。

（3）第 3 行为注释。注释用于程序中的文档说明。Python 语言的注释从英文字符"#"开始，直至行结束。Python 程序编译执行时将忽略所有注释，注释仅用于提高程序的可阅读性。

程序 1-1　Hello, World! (helloworld.py)

```
print("Hello, World!")

#输出"Hello, World!"
```

上述 Python 程序代码将完成一个简单任务。该程序是本书提供的第一个程序。程序的运行过程和结果如下所示。控制台命令程序将显示命令提示符（本书为%），其包括用户键入的 Python 命令（本书使用粗体）。使用 Python 执行程序代码，控制台窗口将输出'Hello, World!'，即第一行语句的运行结果。

```
% python helloworld.py
Hello, World!
```

程序 1-1 是一个可编译的 Python 程序文件。本书建议初学者使用 IDLE 编辑程序文本，其非常易于初学者使用。在编写好程序代码后，将程序文件保存到本地目录中，例如，将程序文件命名为 helloworld.py 并将之保存至 C:\Users\PythonFile。下面给出运行 Python 程序的一般步骤。

（1）打开 cmd 终端（命令提示符）。

（2）使用 cd 命令将程序文件的所在文件夹 C:\Users\PythonFile 设置为当前活动文件夹，如"cd C:\Users\PythonFile"。然后可以运行 dir 命令查看当前文件夹是否包含 python 文件 helloworld.py。

（3）输入"python helloworld.py"并运行程序。

如果终端输出"Hello, World!"，说明程序运行成功。Python 程序开发流程如图 1-1 所示。

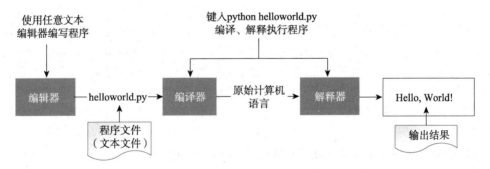

图 1-1　Python 程序开发流程

自 20 世纪 70 年代起软件开发者群体形成了一个惯例，即初级程序员的第一个程序为输出"Hello, World!"。所以，本书首先在名为 helloworld.py 的文件中键入程序 1-1 的代码，然后执行该程序。成千上万的程序员就是按照上述步骤学习程序设计的。当然，学习程序设计还需要文本编辑器和控制台命令程序。虽然在控制台窗口输出内容似乎没有太大意义，但仔细思考后可以发现，反馈操作结果是程序必须具备的基本功能之一。

本书所有的程序架构都将与 helloworld.py 类似，不同之处在于不同的文件名、不同的注释和不同的语句系列。所以，编写程序时无须从新文件开始，可以简便地使用如下替代方法。

（1）复制 helloworld.py 文件，并将之重新命名为需要的程序名称。注意，应确保新文件名的后缀为.py。

（2）替换注释内容。

（3）将 print()语句替换为不同的语句系列。

程序通常由文件名和文件中的语句系列确定。按惯例，Python 程序将被包含在后缀为.py 的文本文件中。

3. 错误

在学习 Python 程序设计时，很多人容易模糊程序的"编辑""编译"和"解释执行"之间的界限。但如果要更好地学习程序设计并理解程序设计过程中不可避免的错误的成因，那么必须将这些概念区分开。

编写程序时，通过仔细检查程序代码可修正或避免大部分错误。就像编辑 Word 文档或者电子邮件时修正拼写等错误的方法一样。有些错误被称为编译时错误，该错误在 Python 编译程序时产生。这些错误将阻止编译器编译代码。Python 将编译错误显示为 SyntaxError。一些错误为运行时错误，它们会在 Python 解释执行程序时产生。如果在 helloworld.py 文件中将函数 print()错写为 printe()，则运行该程序时 Python 将抛出一个 NameError 错误。

一般而言，程序中的错误通常也被称为 bug。编写程序的一个很重要的技能就是学习如何定位并改正错误。同时开发者还要学会在一开始编码时就要仔细认真，编写符合一般规范的代码，从源头上避免错误产生。

1.2　输入和输出

现在可以思考本节最开始引例中的问题。通常情况下，程序需要提供用户输入功能以获取待处理的数据，只有处理好输入的数据后才能输出处理结果。hiName.py（程序 1-2）文件描述了最简单的人机交互过程和数据输入方法。每次运行 hiName.py 程序时，程序将接收命令行参数（在运行时可在程序名后键入），并将之作为消息的一部分输出到控制台窗口。程序 1-2 运行的结果与程序名后键入的内容有关，使用不同的命令行参数运行该程序时，将会得到不同的输出结果。

程序 1-2　使用命令行参数进行人机交互（hiName.py）

```
import sys

print('Hi,', sys.argv[1], '. How are you?')
#接收一个命令行参数，并输出包含该参数的消息。
```

上述 Python 程序代码阐述了通过在命令行提供参数的方法控制程序的运行结果的方法，这种方法为定制程序行为提供了可能。程序 1-2 运行过程和结果如下所示。

```
% python hiName.py Alice
```

```
Hi, Alice . How are you?

% python hiName.py Bob
Hi, Bob . How are you?

% python hiName.py Carol
Hi, Carol . How are you?
```

在 hiName.py 程序中，import sys 语句告知 Python 程序要使用定义在 sys 模块中的函数，所谓模块可以被看作一系列具有类似功能的函数的集合。sys 模块中的一个名为 argv() 的函数[①]可被用于存储命令行参数（命令行中位于 "python hiName.py" 之后以空格分隔的内容）列表，本书将在后面的章节中详细讨论其机制。目前读者仅需理解 "sys.argv[1]" 表示命令行中程序名后键入的第 1 个参数，"sys.argv[2]" 表示命令行中程序名后键入的第 2 个参数，依次类推。因此，在编写程序时，开发者可使用 "sys.argv[1]" 表示运行程序时在命令行中键入的第 1 个参数，具体可参照 hiName.py 文件中的代码。

除了使用 sys.argv() 函数，程序 1-2 还使用了 print() 函数。print() 函数可以同时输出多个字符串，如这些参数被以逗号隔开，那么函数输出时会自动在不同字符串间添加一个空格。因此程序 1-2 运行的结果的前半句中，输出的人名后面总是带有一个空格。事实上，开发者可以使用字符串相加的方式输出而避免上面的问题。例如，将 "print('Hi,', sys.argv[1], '. How are you?')" 改写为 "print('Hi, ' + sys.argv[1] + '. How are you?')"。关于字符串的拼接，我们将在后面的章节中介绍。

诚然，程序仅完成从控制台获取用户输入的内容并回显到控制台窗口的任务似乎没有太大意义。但仔细观察和思考后就可以意识到，响应来自用户的基本信息并控制程序的运行结果也是程序需要具备的另一个基本功能，即使开发者并不清楚这种转化的具体步骤或具体机理。hiName.py 程序展示的功能表达了 Python 程序的基本编程机制，以及借此解决各种计算问题的方法。回顾一下，hiName.py 程序实现了这一功能：将一个字符串（参数）映射为另一个字符串（回显到控制台窗口的消息）。执行该程序时，可以将该程序文本想象为一个能将输入字符串转换为输出字符串的黑盒子。这一 hiName.py 程序的鸟瞰图如图 1-2 所示。这是个具有吸引力的模型，它虽然简单，但原则上却足以完成任何计算任务。事实上，Python 编译程序遵循同样的原理，即接收一个后缀为 .py 的文件，经过黑盒子编译，产生一个输出结果。

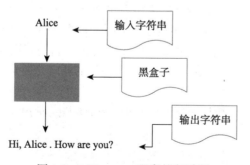

图 1-2　hiName.py 程序的鸟瞰图

---

① 实际上，sys.argv 是一个包含了命令行参数的字符串的列表，因此它可以使用命令行传递参数。

1.3   图形与可视化

到目前为止，已给出的程序主要关注文本的输入和输出。本节将简单介绍 Python 的绘图功能。假设有一只海龟在沙滩上移动，沙滩上就会呈现海龟的移动轨迹。如果能控制海龟的移动，让海龟可以沿着直线向前或者向后移动指定的距离，或逆时针、顺时针旋转一定的角度，用计算机保留并输出它的移动轨迹，这样就能让海龟去画图了。

Python 内置了 turtle 模块可以绘图。这个模块是 Python 语言的标准库之一，属于入门级的图形绘制函数库。在使用 turtle 模块画图前，开发者需要了解该模块的一些函数和其功能，如表 1-1 所示。

表 1-1   海龟绘图模块 turtle 的一些函数和功能

运算操作	功能描述
turtle.setup(width, height, startx, starty)	设定海龟绘图主窗口的大小和位置。默认宽为 75% 屏幕宽度，50% 屏幕高度，位于屏幕中心
turtle.forward(distance)或 turtle.fd(distance)	海龟在指定的方向（也就是海龟头的方向）向前移动指定距离
turtle.backward(distance)或 turtle.bk(distance)	海龟在指定的方向（也就是海龟头的方向）向后移动指定距离，不改变海龟头的朝向
turtle.right(angle)或 turtle.rt(angle)	海龟向右转指定的角度
turtle.left(angle)或 turtle.lt(angle)	海龟向左转指定的角度
turtle.circle(radius, extent)	当半径为正数时，海龟向左侧以给定的半径和角度范围画圆；为负数时，向右侧画圆
turtle.color(*args)	指定画笔的颜色，可以用 red 或者 blue 等
turtle.pensize(width)	设置画笔的粗细。如可以设置 pensize(5)等

基于上面的函数，turtle 模块能画出各种图形。如 turtleFigure.py（程序 1-3）绘制了一个正方形和一个半圆。

在 turtleFigure.py 中，import turtle 语句告知 Python 要使用定义在 turtle 模块中的函数，也就是表 1-2 中列出的函数。在使用这些函数时，首先要告知 Python 这些函数是 turtle 模块中的函数，因此使用这些函数时需要先写 turtle.，然后再写函数名和参数。在海龟绘图前，海龟位于画布的中心位置，头朝向右侧。因为海龟的朝向往往会影响画图的逻辑，所以在绘制图形时要格外注意。

程序 1-3   使用 turtle 模块进行海龟绘图（turtleFigure.py）

```python
import turtle

turtle.pensize(5)              # 设置画笔的宽度
turtle.color('blue')           # 设置画笔的颜色（蓝色）
```

```
turtle.fd(400)                 # 海龟前进 400 像素
turtle.rt(90)                  # 海龟向右转 90 度
turtle.fd(400)
turtle.rt(90)
turtle.fd(400)
turtle.rt(90)
turtle.fd(400)

turtle.color('red')            # 设置画笔的颜色（红色）
turtle.circle(200,180)         # 以 200 像素为半径，向左画一个 180 度的半圆

turtle.done()                  # 结束海龟绘图
```

上述 Python 程序代码阐述了使用海龟绘图来进行可视化输出的方法。海龟绘图经常用于简化图形的绘制过程，程序 1-3 运行过程和结果如下所示。

% python turtleFigure.py

输出效果如图 1-3 所示。

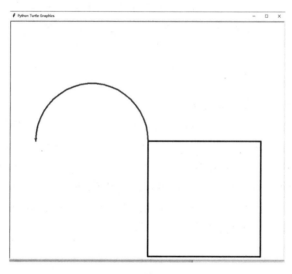

图 1-3　输出效果

1.4　小　　结

1. Python 程序设计的一般步骤

本书总是遵循一个标准的程序设计规范：首先，使用 IDLE 编辑程序文件并将之保存到本地计算机目录下。然后，在命令提示符中运行它。这样做一方面有利于修改程序、更正程序的错误；另一方面也有利于了解编程的常见错误并积极避免它。有些第三方软件自带了代码的自动纠错功能，这对程序开发是有利的，却不适合初学者。初学者需要不断试错，进而学会并掌握独自编程纠错的能力。

2. 编程的基本规范

作者强烈建议初学者从一开始就主动遵循 Python 编程的基本规范。尽管不遵守这些规范有时候并不会引起程序编译错误，或者也能正常地编写和运行程序，但是，遵守默认的编程规范有利于提高代码的可读性，有利于代码审查和修改，有利于团队协作，能够降低代码的维护成本。良好的编程规范也有助于程序员个人能力的成长。例如，初学者应当尽量做到下面这些事情。

（1）命名的语义化。不管是为文件夹命名还是为文件、变量等命名，都应尽量基于功能、内容或表现命名，做到简单明了，见名知意。例如，在给学生姓名这个变量命名时可以用 stuName；给海龟绘图的程序文件命名可以用 turtleFigure。

（2）有效使用注释，以方便阅读和理解程序内容。

（3）代码应尽量分块，以明确每部分代码的功能。如在程序 1-3 中，作者每两个部分代码都以空行间隔：第一部分是模块的导入，第二部分是设置画笔的粗细和颜色，第三部分是画正方形，第四部分是画圆等。

（4）空格的使用。例如，运算符前后应该有空格：如拼接字符串一般写作"'Hi,' + name"，而不是 "'Hi,' +name"。再如，应当写 "y = a + b"，而不是 "y=a+b"。

（5）引号的使用。Python 中单引号和双引号都可以包裹字符串，但请尽量统一，统一使用单引号或统一使用双引号。

3. Python 程序设计中的常见错误

在本章节，初学者常见的错误或注意事项如下。

（1）给目录、程序文件、变量、函数等命名时不要和 Python 内置的保留字冲突，如不能使用 python、print、math、random 等。例如，新建一个海龟画图不要起名叫 turtle.py。同时，当前目录内也不能有名为 turtle.py 的文件，否则 import turtle 时程序会优先读自己命名的 turtle 文件，导致加载错误。尽管作者不是很清楚 Python 的保留字都有哪些，但想避免这些保留字还是很容易的，只需利用单词组合，或者"单词+下画线+数字"的组合命名即可，如 stuName，或者 stuName_123。

（2）命名时尽量不要加空格，如学生姓名应避免起名"student name"，可以使用 studentName。

（3）Python 对大小写是敏感的，要区分大小写。

（4）要使用英文半角输入法编程，Python 很多时候不能识别中文字符。

（5）在命令提示符内运行程序时要注意程序的运行位置。

（6）编程时要注意文本的颜色，当有编程错误时，有时能从颜色上看出来。

1.5　习　　题

1. 编程使计算机连续输出 5 遍 "Hello, World!"。

2. 在编译 helloworld.py, hiName.py 和 turtleFigure.py 时读者都遇到了什么错误？计算机是如何反馈的？

3. 修改 hiName.py 文件，使之能在输入 "**% python hiName.py Alice Bob Carol**" 时同时输出："Hi Alice, Bob, and Carol, how are you?" 和 "Hi Carol, Bob, and Alice, how are you?"。

4. 自行设计几个海龟图形，例如，画出电子时钟中的数字 0～9。

5. 利用命令行参数进行指定的人机交互：输入任意人民币金额，让计算机反馈这些人民币可以换成的其他货币额度，如美元、英镑和日元?

6. 进入到 Python 交互环境中，使用 print 函数输出如下内容。

\>>> Life is short, you need Python.

\>>>What's your name?

\>>>'I once was lost, but now am found.'

7. 编写一个 Python 程序文件（扩展名为".py"），并输出如下内容：

床前明月光，

疑是地上霜。

举头望明月，

低头思故乡。

8. 改写 hiName.py 文件的代码，使用 input() 函数实现文本的输入。（提示：定义 "name = input('What is your name?')"）

自学自测　　扫描此码

内置数据类型

引言

　　使用 Python 编写程序时，必须自始至终知晓程序处理的数据类型。上一章的程序处理了字符串等数据类型，本章将系统介绍编程常用的几种数据类型。读者务必了解不同数据类型之间的差别。所谓数据类型指的是：一系列值及为这些值定义的一系列操作方法的集合。Python 语言内置了若干数据类型。本章的目标是向读者展示利用 Python 内置数据类型的方法，包括使用 int（整数数据类型）、float（浮点数数据类型）、str（字符串数据类型）和 bool（布尔数据类型，即 True 或 False）。

课程素养

　　本章介绍了 Python 的多种数据类型和它们的应用范围，使读者明白做任何事情都要心中有度，这里的"度"是做人的标准，意味着人应该遵循的规则。

思政案例

杨 辉 三 角

　　通过分析模型特点、确定数据类型，再到发现递推规律，可以确定推演公式。杨辉是中国宋代著名数学家，他整理的杨辉三角（图 2-1）领先法国数学家帕斯卡近 400 年，是我国数学史上伟大的成就。向科学家学习，培养钻研精神和爱国热情，是每个人的必修课。

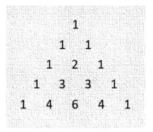

图 2-1　杨辉三角

教学目标

　　讨论基于上述四种基本内置数据类型进行运算的程序。主要目标是：①理解 Python 编程过程中用到的基本术语；②理解 Python 内置数据类型的定义和基本用法；③掌握如何使用 Python 内置数据类型进行程序编写；④理解 Python 中的函数和 API，了解 Python 标准库中的常用模块下的部分函数。

本章所有程序一览表

程序名称	功能描述
程序 2-1 (strOps.py)	字符串的拼接运算
程序 2-2 (intOps.py)	整数的运算
程序 2-3 (floatOps.py)	浮点数的运算
程序 2-4 (quadratic.py)	求解一元二次方程的根
程序 2-5 (compoundInterest.py)	计算基金复利
程序 2-6 (isLeapYear.py)	判断某一年是否为闰年

小节引例

假如某人投资了一只基金，该基金按照连续复利的方式返回投资收益。当年利率 r 为已知时，如何知道当本金为 p 时投资 n 年的收益呢？（已知投资收益 $= pe^{rn}$）

2.1 Python 相关术语

在介绍数据类型前，读者需要先了解本书定义的术语。术语的定义基于下列代码片段。

```
a = 1234
b = 99
c = a + b
```

上述代码片段创建了 3 个对象，其数据类型均为 int，分别使用**字面量**（literal）1234、99 和**表达式** $a+b$，并使用**赋值语句**将**变量** a、b 和 c 绑定到这些**对象**（"绑定"，bind，是一个专业术语，描述的是创建关联的过程）。最终结果是变量 c 被绑定到一个 int 数据类型的对象，其值为 1333。接下来，定义所有的数据类型相关术语。

1. 对象（object）

在 Python 程序中，所有数据的值均由对象或对象之间的关系表示。Python 对象是特定数据类型的值在内存中的表现方式，每个对象都由其标志（identity）、类型（type）和值（value）三者标识。

（1）标志用于唯一标识一个对象，可以将标志看作对象在计算机内存（或内存地址）中的位置。

（2）类型用于限定对象的行为——对象所表示的取值范围及允许执行的操作的集合。

（3）值用于表示对象数据类型的值。

每个对象都存储若干个值，例如，int 类型的对象可以存储 1234、99 或 1333。不同的对象可以存储同一个值，例如，一个 str 类型的对象可以存储值'hello'，另一个 str 类型的对象

图 2-2　对象与对象引用：
这是一个烟斗吗？

也可以存储值'hello'。一个对象可执行且只允许执行其对应数据类型定义的操作，例如，两个 int 对象可执行乘法运算，但两个 str 对象则不允许执行乘法运算。

2. 对象引用（object reference）

对象引用是对象标志的具体表示。Python 程序使用对象引用的方式访问对象的值，开发者也可直接操作对象引用本身，如图 2-2 所示。

3. 字面量（literal）

字面量用于在 Python 代码中直接表示数据类型的值。例如，数字 1234 和 99 均表示 int 数据类型的值；带小数点的数字 3.14159 和 2.71828 均表示 float 数据类型的值；True 和 False 表示 bool 数据类型的两个取值；在引号之间的系列字符如 'Hello, World'表示 str 数据类型的值。

4. 运算符（operator）

运算符（或称操作符）用于在 Python 代码中表示数据类型的运算操作。例如，Python 使用运算符 + 和 * 分别表示整数和浮点数的加法运算和乘法运算；使用运算符 and、or 和 not 表示布尔运算等。

5. 标识符（identifier）

标识符在 Python 代码中被用于表示名称。标识符由字母、数字和下画线组成，且不能以数字开始。例如，字符系列"abc""Ab_""abc123"和"a_b"均为合法的 Python 标识符，但"Ab*""3abc"和"a + b"则为不合法的标识符。标识符对大小写敏感，所以 Ab、ab 和 AB 表示的是不同的名称。一些关键字，如 and、import、in、def、while、from 和 lambda，均为 Python 保留字，不能在程序中被用作标识符。其他特殊名称，如 int、sum、min、max、len、id、file 和 input 在 Python 中具有特殊含义，也不能在程序中被用作标识符。

6. 变量（variable）

变量是对象引用的名称，其与数据类型值相关。也可以简单将之理解为变量就表示对象的引用，对象的操作都是通过引用完成的。使用变量可以跟踪计算导致的值的变化，例如，可以使用变量 total 保存一系列数值的和的变化和结果。Python 是动态类型的语言，所以 Python 变量不需要显式声明类型，根据变量引用的对象，Python 将自动确定其数据类型。

人们一般会遵循基本的命名规范来命名变量。本书建议的命名规范为：命名变量时使用小写字母开头，后跟若干小写字母、大写字母或数字；多个单词构成的变量名后续单词首字母大写。例如，i、x、y、total、stuName、outDegrees 等。

7. 常量（constant variable）

常量用于表示程序运行过程（或程序的多次运行过程）中值保持不变的数据。常量遵循的命名规范为：以大写字母开头，后跟大写字母、数字和下画线。例如，SPEED_OF_LIGHT、

DARK_RED 等。

8. 表达式（expression）

表达式是一系列字面量、变量和运算符的组合，其结果将是一个对象。Python 表达式与数学公式类似，可以使用运算符对一个或多个操作数进行运算。Python 大多数运算符为二元运算符，可以操作两个操作数，例如："x − 3" 或 "5 * x"。操作数也可以是表达式，表达式可使用括号。例如，"4 * (x − 3)" 或 "5 * x − 6"。表达式具有两层含义：它既可以表示一系列操作的指令，又可以表示运算的结果值。

9. 赋值语句（assignment statement）

在 Python 中，赋值语句既可以利用标识符进行变量的定义，又可以将一个变量与一个数据类型值进行关联。例如，赋值语句 "a = 1234" 在 Python 中并不表示数学意义上的相等运算，而是表达一种行为，即指示 Python 执行下列两步操作。

（1）将标识符 a 定义为新变量（假定变量 a 在一开始不存在）。

（2）将变量 a 和整数数据类型的值 1234 关联。

赋值语句的右侧可以为任意表达式，Python 将对表达式求值并把结果和左侧的变量关联起来。例如，对于赋值语句 "c = a + b"，其所执行的操作行为可被描述为 "将变量 c 与变量 a 与 b 的和关联起来"。赋值语句的左侧必须为单个变量名，语句 "1234 = a" 和 "a + b = b + a" 在 Python 中都是非法语句。简言之，程序中的赋值运算符（=）与数学意义上的等式具有不同的含义。

10. 对象级别的跟踪

使用对象级别的跟踪可以进一步理解对象及对象引用，尤其是需要为内在计算逻辑提供详尽视图时。使用如图 2-3 所示的对象级别的跟踪(object-level trace)信息可描述下面 3 条赋值语句的作用效果。

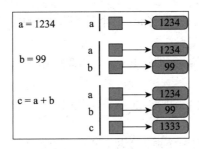

图 2-3　对象级别的跟踪

（1）赋值语句 "a = 1234" 将创建一个值为 1234 的 int 类型对象，然后将变量 a 绑定到新建的 int 对象。

（2）赋值语句 "b = 99" 将创建一个值为 99 的 int 对象，然后将变量 b 绑定到新建的 int 类型对象。

（3）赋值语句 "c = a + b" 将创建一个值为 1333（绑定到变量 a 的 int 类型对象的值与

绑定到变量 b 的 int 对象的值之和）的 int 对象，然后将变量 c 绑定到新建的 int 类型对象。

11. 示例：变量增量运算

下面代码片段把变量 i 绑定到值为 17 的 int 类型对象，然后递增其值。使用前文的概念和方法可以检查代码的执行情况。

```
i = 17
i = i + 1
```

显然，第 2 条语句如果作为数学等式是没有意义的，但在 Python 程序设计语言中，则是一个十分普遍的操作：赋值运算。这两条语句指示 Python 执行如下的操作指令。

（1）创建一个值为 17 的 int 类型对象，并绑定到变量 i。

（2）计算表达式 "i + 1" 的值，然后创建一个新的值为 18 的 int 对象。

（3）绑定原变量 i 到新建的值为 18 的 int 对象。

赋值语句 "i = i + 1" 不会改变任何对象的值，其将使用结果值创建一个新的对象，并将变量 i 绑定到这个新建的对象。另外，当 Python 执行完赋值语句 "i = i + l" 后，并不会有任何变量绑定到值为 17 的对象（也没有任何变量会绑定到值为 1 的对象）。Python 负责管理内存资源，当一个程序不再需要访问一个对象时，系统会自动回收存储该对象的内存空间。

12. 示例：交换两个变量

下面代码片段用于交换 a 和 b（准确地说，是交换绑定到 a 和 b 的对象）。继续使用前文的概念和方法检查并验证代码的有效性，如下所示。

```
t = a
a = b
b = t
```

假设 a 和 b 分别绑定到两个不同的值，例如 1234 和 99，那么利用对象级别的跟踪信息逐步验证程序的执行结果。

（1）"t = a"，将 a 赋值给 t。即将 a（一个对象引用）赋值给 t，所以 a 和 t 都被绑定到同一个值为 1234 的 int 对象。

（2）"a = b"，将 b 赋值给 a。即将 b（一个对象引用）赋值给 a，将 a 和 b 绑定到同一个值为 99 的 int 对象。

（3）"b = t"，将 t 赋值给 b。即将 t（一个对象引用）赋值给 b，将 t 和 b 绑定到同一个值为 1234 的 int 对象。

因此，最终结果是对象引用实现了交换：变量 a 最终绑定到值为 99 的对象；变量 b 则最终绑定到值为 1234 的对象。

有人可能会觉得区分"对象"和"对象引用"显得有点咬文嚼字。事实上，理解"对象"和"对象引用"之间的区别非常重要，这是掌握 Python 语言众多功能特点的一个关键。

13. 关于缩写

本书后续章节将采用缩略语描述包含变量、对象和对象引用的 Python 语句。例如，在如下示例中方括号的内容常常部分或全部被省略，即描述语句 "a = 1234" 时，可采用下列表述。

（1）"绑定／设定 a 为 [一个 int 对象，其值为] 1234"。

（2）"把[指向一个值为] 1234 [的 int 对象的对象引用]赋值给 a"。

同样，当 Python 执行完语句 "a = 1234" 后，可采用下列简单的表述。

（1）" a [被绑定/设定] 为 [一个 int 对象，其值为] 1234"。

（2）" a 为 [一个对象引用，指向一个 int 对象，其值为] 1234"。

（3）" [指向一个 int 对象的对象引用] a [的值] 为 1234"。

类似地，在描述语句 "c = a + b" 时，可将之表述为 "c 是 a 和 b 的和"，以代替原来准确但冗长的表述。在不严格要求使用全称说法的情况下，本书将采用这种简洁的表述语言。

另外，在第一次阐述程序绑定一个变量到一个对象时，本书会将之表述为定义和初始化一个变量。所以，第一次在跟踪信息中描述语句 "a = 1234" 时，可以将之表述为：定义一个变量并初始化为 1234。在 Python 语言中，定义变量的同时必须初始化该变量。

14. 运算符优先级（operator precedence）

表达式是一系列运算操作的公式表示方法，当一个表达式中包含若干运算符时，如何确定运算的优先级顺序？Python 使用自然和良好定义的运算符优先级规则决定表达式中运算的优先级别。对算术运算，乘法和除法的优先级高于加法和减法，所以 "a − b * c" 和 "a − (b * c)" 表达式的运算优先级一致。如果多个算术运算的优先级相同，则 Python 将遵循左结合规则。例如，"a − b − c" 和 "(a − b) − c" 两个表达式的运算优先级一致。但是，乘幂运算符（**）是例外的，它采用右结合规则，即 "a ** b ** c" 和 "a ** (b ** c)" 表达式的运算优先级一致。编码时，开发者可使用括号改变运算符优先级规则，例如，Python 在计算表达式 "a − (b − c)" 时会先运行括号中的 "(b − c)"。在后续的学习过程中，读者可能会发现一些 Python 代码与运算符优先级规则息息相关。本书建议通过使用括号避免运算符优先级混乱的现象，常用的运算符及其运算优先级如表 2-1 所示。

表 2-1　本书常用的运算符及其运算优先级

运算符	描述
**	指数（最高优先级）
*; /; %; //	乘；除；取余；整除
+; −	加；减
<; <=; >; >=	比较（大小）
<>; ==; !=	比较（等于）
=; **=; %=; *=; /=; //=; +=; −=;	赋值运算
is; is not	身份运算
in; not in	成员运算
not; and; or	逻辑运算

接下来本书将阐述常用数据类型（字符串、整数、浮点数和布尔值）的细节，并通过示例代码描述其应用方法。使用一种数据类型时，读者不仅需要了解其取值范围，还需要

了解其对应的操作和调用这些操作的语言机制，以及指定字面量的规则。Python 的四种常用数据类型的有关说明和对比如表 2-2 所示。

表 2-2　Python 的四种常用数据类型

数据类型	字符串	整数	浮点数	布尔值
对象的值	字符系列	0~9 的数字组合	数字+小数点	真或者假
典型字面量	'Hello'	1234; 99	3.1415926	True; False
相关运算	字符串拼接	加减乘除等	加减乘除等	逻辑运算
运算符	+	"+" "−" "*" "/" "//" "%" "**"	"+" "−" "*" "/" "**"	and; or; not

2.2　字　符　串

str 数据类型用于表示字符串。一个 str 对象的值为一系列字符。str 字面量可使用包括在单引号或双引号之间的字符系列指定，例如，"ab"表示一个存储两个字符（字符"a"后跟字符"b"）的 str 对象。str 对象可包含的字符没有限制，但通常为字母、数字、符号、空白符（例如制表符和换行符）。开发者还可以使用反斜杠（\）对特殊意义的字符进行转义。例如，制表符、换行符、反斜杠和单引号对应的转义符分别为 '\t' '\n' '\\'和'\"'。

开发者可以使用"+"运算符拼接两个字符串，即用"+"运算符作用于两个 str 对象，然后获得一个新的 str 对象，其值为第一个操作数 str 对象的字符系列后跟第 2 个操作数 str 对象的字符系列。例如，对于表达式"'123' + '456'"，其结果为一个新的 str，值为'123456'。上述例子表明，将"+"运算符作用于两个 str 对象的行为是字符串拼接运算，而作用于两个 int 对象的行为则为整数加法运算，两者完全不同。Python 常用字符串表达式如表 2-3 所示。

表 2-3　Python 常用字符串表达式

表达式	结果	说明
'Hello, ' + 'World! '	'Hello, World!'	字符串拼接
'1234' + '99'	'123499'	字符串拼接（非数值相加）
'1234' + ' + ' + '99'	'1234 + 99'	两次字符串拼接
'1234' + 99	运行错误	数据类型不匹配，错误

在不严格要求使用全称说法的情况下，本书接下来将使用术语字符串（string）代替"一个 str 类型的对象"的严格说法。同样，本书使用 'abc' 代替"一个取值为 'abc' 的 str 类型对象"的严格说法。

字符串拼接功能非常强大，足以解决一些复杂的计算问题。例如，strOps.py（程序 2-1）用于计算表示标尺刻度相对长度的标尺函数的值列表。这种计算的一个显著特点是可使用少量的程序代码生成大量输出结果。

程序 2-1　字符串的拼接（strOps.py）

```
r1 = '1'
r2 = r1 + '2' + r1
```

```
r3 = r2 + '3' + r2
r4 = r3 + '4' + r3
print(r1, '\n'+ r2, '\n' + r3, '\n' + r4)
```

上述 Python 程序代码可以输出标尺上各子刻度的相对长度，其第 *n* 行语句输出的将是标尺刻度的相对长度。程序 2-1 的运行结果如下所示。

```
% python strOps.py
1
121
1213121
121312141213121
```

本书之所以首先详细阐述 str 数据类型，是因为在程序处理其他类型的数据时，最终需要使用字符串产生输出结果。接下来在继续介绍其他数据类型前，需要先讨论 Python 语言中数值和字符串之间的相互转换机制。

1. 将数值转换为用于输出的字符串

使用 Python 内置函数 str()可把数值转换为字符串。例如，str(123)的求值结果为'123'，也就是将数值 123 转换为字符串'123'；str(123.45)则可以将数值 123.45 转换为字符串'123.45'。

编码时，开发者经常可以使用 str()函数及字符串拼接运算符"+"将计算结果连接在一起，然后使用 print()函数输出连接结果。示例如下。

```
print(str(a) + ' + ' + str(b) + ' = ' + str(a+b))
```

假设 a 和 b 均为 int 类型对象，其值分别为 1234 和 99，则上述语句输出的结果为：1234 + 99 = 1333。

2. 将输入的字符串转换为数值

Python 也提供若干用于将字符串（例如，所键入的命令行参数）转换为数值对象的内置函数，包括 int()和 float()。例如，在程序中键入 int('1234')，结果等同于键入 int 字面量 1234。如果用户键入的第一个命令行参数为 1234，则代码片段 int(sys.argv[1])将返回其对应的 int 对象，值为 1234。后面将介绍关于这种使用方式的实例。

2.3 整　　数

int 数据类型用于表示整数或自然数。int 字面量包含一系列 0~9 的数字组合。Python 将 int 字面量创建为 1 个 int 对象，其值为字面量的值。程序广泛使用 int 对象不仅因为整数是现实生活中最常用的数值，还因为编写程序时会自然而然涉及整数。

Python 包括用于整数算术运算的常规运算符：+（加法）、−（减法）、*（乘法）、//（整除）、%（取余）、**（乘幂）。这些二元运算符是用于两个 int 对象的操作符，通常结果为一个 int 对象。Python 还包括一元运算符（+和−）用于确定整型数值的正负号。所有这些运算符的定义与中小学数学课本的定义完全一致。需要特别注意的是，整除运算符的运算结果为整数，即给定两个 int 对象 a 和 b，表达式 "a // b" 的求值结果为相对于 b 的倍数（小数部分舍弃），表达式 "a % b" 的求值结果为 a 除以 b 的余数。例如，表达式 "17 // 3" 的求值结果为 5；表达式 "17 % 3" 的求值结果为 2。如果除数为 0，则运行整除和取余运算时将抛出错误：ZeroDivisionError。Python 常用整数数据类型表达式如表 2-4 所示。

表 2-4　Python 常用整数数据类型表达式

表达式	结果	说明
99	99	整数字面值
+99；–99	99；–99	正号；负号
1234 + 99；1234 - 99	1333；1135	加法；减法
7 * 2；7 // 2	14；3	乘法；整除
7 % 2	1	取余
7 ** 2	49	乘幂
7 * 2 + 4	18	先算乘除，后算加减
3 – 5 – 2	–4	左结合
2 ** 2 ** 3	256	优先右结合

在不严格要求使用全称说法的情况下，本书接下来将使用术语整数（integer）代替 "一个 int 类型的对象" 的严格说法。同样，本书使用 123 代替 "一个取值为 123 的 int 类型对象" 的严格说法，后面类似。

程序 2-2（intOps.py）阐述了 int 对象的基本操作运算，包括算术运算符的表达式在语句中的应用。程序还包括使用内置函数 int() 将命令行参数字符串转换为 int 对象的语句，以及使用内置函数 str() 将 int 对象转换为用于输出的字符串的语句。

程序 2-2　整数的相关运算（intOps.py）

```python
import sys

a = int(sys.argv[1])
b = int(sys.argv[2])

total = a + b
diff = a - b
prod = a * b
quot = a // b
rem = a % b
exp = a ** b

print(str(a) + ' + ' + str(b) + ' = ' + str(total))
print(str(a) + ' - ' + str(b) + ' = ' + str(diff))
print(str(a) + ' * ' + str(b) + ' = ' + str(prod))
print(str(a) + ' // ' + str(b) + ' = ' + str(quot))
print(str(a) + ' % ' + str(b) + ' = ' + str(rem))
print(str(a) + ' ** ' + str(b) + ' = ' + str(exp))
```

上述 Python 程序将接收两个整数命令行参数，进行运算后输出计算的表达式和结果。程序 2-2 的运行结果如下所示。

```
% python intOps.py 7 2
7 + 2 = 9
7 - 2 = 5
7 * 2 = 14
7 // 2 = 3
7 % 2 = 1
7 ** 2 = 49
```

Python 语言中，int 的取值范围可以为任意大，仅受限于计算机系统的可用内存量。因此，Python 程序员不必担心整数太大会超出取值范围；但是，Python 程序员需要特别注意避免编写类似的错误程序代码，例如，使用一个或若干个超大整数，从而耗尽计算机的可用内存。

2.4 浮 点 数

float 数据类型用于表示浮点数值，其在科学计算和商业场景中应用广泛。虽然多数开发者使用浮点数表示实数，但二者并不完全等同。任何数字在计算机中只能被存储和表示为有限位数的浮点数。也可以说浮点数是实数的近似值。尽管这种近似对一般程序不会产生任何问题，但执行精确运算或者比较大小时则必须考虑其误差影响。例如，在 Python 中，判断 "0.1 + 0.1 + 0.1 == 0.3" 会返回值 False。

浮点数字面量可由一系列数字加小数点来指定。例如，π 近似等于 3.1415926。另外，也可采用科学计数法。例如，浮点数字面量 6.022e23 表示数值 6.022×10^{23}。与整数一样，在程序中开发者可以使用上述规范表示浮点数或在命令行中指定浮点数值的字符串参数。Python 语言中，常用的浮点数表达式如表 2-5 所示。

表 2-5 Python 常用的浮点数表达式

表达式	结果	说明
3.141 + 2.0；3.141 − 2.0	5.141；1.141	加法；减法
3.141 * 2.0；3.141 / 2.0	6.282；1.5705	乘法；除法
5 / 3	1.6666666666666667	17 位精度
3.141 ** 2.0	9.865881	乘幂
3.141 / 0.0	ZeroDivisionError	除数不能为 0
7.0 ** 2	49.0	乘幂
math.sqrt(4)	2.0	调用 math 模块进行计算

程序 2-3（floatOps.py）阐述了 float 对象的基本运算操作。Python 包括用于浮点数运算的常用运算符：" + "（加法）、" − "（减法）、"*"（乘法）、"/"（除法）、"**"（乘幂）。这些二元运算符作用于两个 float 对象的操作数，通常结果为一个 float 对象。程序 2-3 还包括使用 float()函数将字符串转换为 float 对象，以及使用 str()函数将 float 对象转换为 str

对象的语句。

程序 2-3　浮点数的相关运算（floatOps.py）

```python
import sys

a = float(sys.argv[1])
b = float(sys.argv[2])

total = a + b
diff = a - b
prod = a * b
quot = a / b
exp = a ** b

print(str(a) + ' + ' + str(b) + ' = ' + str(total))
print(str(a) + ' - ' + str(b) + ' = ' + str(diff))
print(str(a) + ' * ' + str(b) + ' = ' + str(prod))
print(str(a) + ' / ' + str(b) + ' = ' + str(quot))
print(str(a) + ' ** ' + str(b) + ' = ' + str(exp))
```

上述 Python 程序接收两个浮点数命令行参数，进行运算后输出计算的表达式和结果。程序 2-3 的运行结果如下所示。

```
% python floatOps.py 7.5 2.2
7.5 + 2.2 = 9.7
7.5 - 2.2 = 5.3
7.5 * 2.2 = 16.5
7.5 / 2.2 = 3.4090909090909087
7.5 ** 2.2 = 84.16563017281004
```

使用浮点数运算时一定要注意数据精度问题。例如，"5.0 / 2.0"求值结果为 2.5，但"5 / 3"的求值结果为 1.6666666666666667。浮点数的精度通常为 15～17 位有效数字。后面的章节会介绍控制输出数值有效数字位数的机制，在这之前则本书将使用 Python 的默认输出格式输出浮点数。

开发者可以使用 float 对象编写相应的 Python 程序以代替计算器实现计算任务。例如，程序 2-4（quadratic.py）显示了如何使用 float 对象求解一元二次方程的两个根 $\left(x = \dfrac{-b \pm \sqrt{b^2 - 4ac}}{2a} \right)$。

程序 2-4　浮点数的应用示例：求解一元二次方程（quadratic.py）

```python
import sys

a = float(sys.argv[1])
b = float(sys.argv[2])
c = float(sys.argv[3])

discriminant = b**2 - 4*a*c
d = discriminant**0.5

x1 = (-b + d)/(2*a)
```

```
x2 = (-b - d)/(2*a)

print('方程' + str(a) + 'x**2 + ' + str(b) + 'x + ' + str(c) + ' = 0 的
      根是', x1, '和', x2)
```

上述 Python 程序接收 3 个浮点数的命令行参数作为 a、b、c，进而求解一元二次方程 $ax^2 + bx + c = 0$ 的两个根。程序 2-4 的运行结果如下所示。

```
% python quadratic.py 3 4 1
方程 3.0x**2 + 4.0x + 1.0 = 0 的根是 -0.3333333333333333 和 -1.0
```

接下来看本章最开始的小节引例，计算基金复利问题的程序代码如程序 2-5 所示。

程序 2-5　基金复利（compoundInterest.py）

```
import math

r = 0.21
e = math.e
p = int(input('本金: '))
n = int(input('期数（年）: '))

# 复利公式：s = p×e^rn
s = p * e ** (r*n)

print(s)
```

上述 Python 程序代码已知基金的年利率，通过输入本金和投资年限，输出可获得的相应投资收益。程序 2-5 的运行结果如下所示。

```
% python compoundInterest.py
本金: 10000
期数（年）: 3
18776.105792643433
```

2.5　布　尔　值

bool（布尔）数据类型用于表示逻辑值：真或假。bool 数据类型包含两个值，其对应的字面量为：True 和 False。布尔运算的操作数为 True 或 False，结果依旧为 True 或 False。虽然表面看起来很简单，但布尔数据类型是计算机科学的基础之一。bool 对象的运算符 (and、or 和 not)被称为逻辑运算符，其定义如下。

（1）如果操作数 a 和 b 均为 True，则表达式 a and b 结果为 True；如果任何一个操作数为 False，则表达式 a and b 结果为 False。

（2）如果操作数 a 和 b 均为 False，则表达式 a or b 结果为 False；如果任何一个操作数为 True，则表达式 a or b 结果为 True。

（3）如果 a 为 False，则表达式 not a 结果为 True；如果 a 为 True，则表达式 not a 的

结果为 False。

布尔运算的真值表见表 2-6。

表 2-6　布尔运算的真值表

a	b	a and b	a or b	not a
False	False	False	False	True
False	True	False	True	True
True	False	False	True	False
True	True	True	True	False

使用布尔运算符结合括号以及运算符优先级规则可构建任意复杂的表达式。其中，运算符 not 的优先级高于 and，运算符 and 的优先级高于 or。同样的功能可用不同的布尔表达式实现，例如，表达式(a and b)等价于表达式 not(not a or not b)。

在程序设计中，人们之所以对布尔表达式感兴趣，是因为布尔表达式可以用于控制程序的行为。例如，在满足特定条件（即布尔表达式）时执行特定的程序代码，否则执行其他代码。即通过使用布尔表达式进行条件判断，如果布尔表达式的结果为 True，则执行一系列语句；如果布尔表达式的结果为 False，则执行另一系列语句。这种选择性的分支程序控制机制将在本书后面的章节中详细讨论。

比较数据是布尔值数据类型在 Python 中的一个常用应用场景。比较运算符（"=="" != ""<""<="">"和">="。)可作用于整数、浮点数、字符串等，并返回布尔结果值。在 Python 语言中，运算符是定义在数据类型之上的，因此不同的数据类型定义了其各自的比较运算符。比较运算符的两个操作数必须兼容数据类型，其最终结果为布尔值。例如，比较运算符作用于 int 类型操作数的结果如表 2-7 所示。

表 2-7　比较运算符作用于 int 类型操作数的结果

运算符	含义	True	False
==	等于	2 == 2	4 == 2
!=	不等于	4 != 2	2 != 2
<	小于	2 < 7	1 > 2
<=	小于或等于	2 <= 2	4 <= 2
>	大于	4 > 2	2 > 7
>=	大于或等于	3 >= 2	2 >= 3

比较运算符的优先级低于算术运算符，但高于布尔运算符，所以表达式"（b**2 - 4*a*c）>= 0"可以不使用括号；类似地，在测试月份的表达式中，开发者同样可以使用不需要括号的表达式"month >= 1 and month <= 12"判断 month 取值是否在 1 和 12 之间。但是，基于良好的编程风格，作者还是建议使用括号以增加程序的可读性。此外，Python 支持类似"1 <= month <= 12"这样风格的代码，这种更接近数学公式的代码更加清晰易懂。

通过结合比较运算符和布尔逻辑运算符，可实现 Python 程序的条件判断功能。程序 2-6（isLeapYear.py）使用布尔表达式和比较运算表达式判断一个给定的年份是否为闰年。

程序 2-6　布尔值数据类型与比较：判断给定年份是否为闰年（isLeapYear.py）

```
import sys

year = int(sys.argv[1])

condition1 = (year % 4 == 0) and (year % 100 != 0)
condition2 = (year % 400 == 0)
isLeapYear = (condition1 or condition2)

print(isLeapYear)
```

上述 Python 程序接收 1 个整数的命令行参数作为输入的年份以检查该年份是否为闰年。判断闰年的条件是：①能够被 4 整除但不能被 100 整除；或②能够被 400 整除。以上充分体现了判断过程的逻辑。程序 2-6 的运行结果如下所示。

```
% python isLeapYear.py 2020
True
% python isLeapYear.py 2022
False
```

事实上，逻辑运算具有一个特殊且有用的功能特点，该特点被称为"短路运算"：只有 and 运算符第 1 个操作数为 True 时，Python 才尝试计算第 2 个操作数；只有 or 运算符第 1 个操作数为 False 时，Python 才尝试计算第 2 个操作数。例如，在程序 2-6 中，仅当年份能被 4 整除时，才进一步计算表达式"(year % 100 != 0)"的值。

2.6　函数和 API

在编写程序时不仅需要使用内置运算符，还经常需要使用函数来实现运算操作。本书中的函数一般可分为三类：

（1）内置函数。如 int()、float() 和 str()。这些函数可在 Python 程序中直接使用。

（2）标准库函数。如 math.sqrt()。标准库函数在 Python 标准模块中定义，通过 import 语句导入模块后即可在程序中使用。

（3）自定义函数。由开发者自行编写的函数，将在后文中详细介绍。

内置函数、标准库函数的数量巨大。本书将采用循序渐进的方法逐渐讲述并使用这两类函数。之前的章节介绍了若干用于输出、数据类型转换和数学计算的函数。后文将继续介绍其他一些常用的函数。

为了读者查阅方便，作者将常用的、需要掌握的函数归纳如表 2-8 所示。表 2-8 包括了内置函数、Python 标准库 math 和 random 模块中的一些常用函数，它们被称为应用程序编程接口(API)。表的第 1 列为函数原型，包括其名称和所需参数；第 2 列描述函数的用途。

　　编码时，开发者可以通过键入函数名并在括号中指定其参数来调用函数，参数之间使用逗号分隔。Python 程序执行时会使用指定参数调用（或求值）函数并返回结果值。更准确地说，函数将返回一个值作为函数结果对象的引用。函数调用是一个表达式，所以其可以像变量和字面量一样作为子表达式在更为复杂的表达式中被引用。例如，可以构造诸如"math.sin(x) * math.cos(y)"的表达式。另外，开发者还可以将表达式作为参数使用，Python 将先计算表达式的值，然后将表达式的计算结果作为参数传递给函数。所以在 Python 程序中，开发者可以编写诸如"math.sqrt(b**2 - 4*a*c)"的代码调用函数。

　　有些函数的参数为可选参数，即有默认值。例如，函数 math.log(x, b) 的第 2 个参数为可选参数，如果没有指定，则其默认值为 e（自然对数底）。

表 2-8　Python 常用函数一览表

函数调用		功能描述
常用的内置函数	abs(x)	x 的绝对值
	max(a, b)	a 和 b 的最大值（支持更多个数）
	min(a, b)	a 和 b 的最小值（支持更多个数）
	round(x)	向距离最近的整数取整，当距离相同时（比如 0.5）返回距离最近的偶数
Python 标准库 math 模块中的常用函数（包括常用常量）	math.sin(x)	x 的正弦（x 为弧度）
	math.cos(x)	x 的余弦（x 为弧度）
	math.atan2(y, x)	点(x, y)的极角
	math.hypot(x, y)	原点到(x, y)的欧几里得距离 $\sqrt{x^2 + y^2}$
	math.radians(x)	将 x（角度）转化为弧度
	math.degrees(x)	将 x（弧度）转化为角度
	math.exp(x)	x 的指数函数 e^x
	math.log(x, b)	x 的对数函数（b 为底，默认为 e）
	math.sqrt(x)	x 的平方根
	math.pi	数学常量 π（3.141592653589793）
	math.e	数学常量 e（2.718281828459045）
Pyton 标准库 random 模块中的常用函数	random.random()	返回[0, 1)数据区间的一个随机浮点数
	random.randrange(x, y)	返回[x, y)数据区间的一个随机整数
	random.randint(x, y)	返回[x, y]数据区间的一个随机整数
	random.uniform(x, y)	返回[x, y]数据区间的一个随机浮点数

　　类似地，本书在描述涉及函数和函数调用的语句时将使用缩略语。例如，调用 math.sqrt(4)函数将被描述为"调用 math.sqrt(4.0)函数返回 [一个引用指向] [一个 float 对象，其值为] 2.0"，并省略该语句方括号中的内容；准确详尽但是冗长的描述"当传递一个值为 16 的

float 对象的引用给 math.sqrt()函数，函数返回一个值为 4.0 的 float 对象的引用"将被缩略为"调用 math.sqrt(16)函数返回 4.0"；使用术语"返回值（return value）"描述函数返回的对象引用。

2.7 小 结

1. Python 内置数据类型的转换

在编码时请务必明确需要处理的数据类型，因为不同的数据类型包含的值和允许的操作各不相同，只有了解了使用的数据类型，才能明确每个对象的取值范围和能执行的操作。人们常需要将数据从一种类型转换为另一种类型，Python 类型转换包括以下两种方法：显式类型转换和隐式类型转换。

1）显式类型转换

显式类型转换需要使用转换函数。转换函数将作用于源类型的参数，返回目标类型的值。例如，使用内置函数 int()、float()和 str()实现字符串和整数或浮点数之间的相互转换。不仅如此，开发者还可以使用这些函数及 round()函数实现整数和浮点数之间的相互转换。例如，使用 int(x)或 round(x)可将浮点数转换为整数；使用 float(x)则可将整数转换为浮点数。

2）隐式类型转换（从整数到浮点数）

在编程时，如果需要使用浮点数则可直接使用一个整数，因为 Python 会自动将整数转换为浮点数。例如，表达式"10 / 4"的计算结果为 2.5；再如，表达式 math.sqrt(4)的计算结果为 2.0，因为函数 math.sqrt()要求参数类型为浮点数，所以整数 4 将被自动转换为浮点数，结果返回一个浮点数。上述转换方式被称为自动转换。如果使用转换函数 int() 和 float()等进行显式类型转换，则可以忽略自动类型转换。事实上，虽然一些程序员会尽可能避免自动类型转换，但是自动类型转换的代码有时候会更紧凑，更易于阅读。

2. 四种数据类型

数据类型是一系列值及定义在这些值上的一系列操作。Python 内置数据类型包括 bool、str、int 和 float 等。bool 数据类型用于真假值的运算，str 数据类型用于一系列字符的运算；int 和 float 数据类型为数值类型，用于数值计算。

bool 数据类型（包括逻辑运算符 and、or 和 not）与比较运算符("=="">""!=""<""<="">"">=")相结合构成了 Python 程序中逻辑判断的基础。后续章节将介绍使用布尔表达式控制 Python 的条件(if)和循环(while)语句的方法。

使用数值类型、内置函数、Python 标准模块或扩展模块中的函数可实现 Python 的超级数学计算器功能。算术表达式由内置运算符（"+""-""*""/""//""%"和"**"）以及函数调用组成。

3. 交互式 Python

事实上，Python 可以直接作为计算器使用。在命令行控制台中输入命令 Python（即不带文件名的 Python 命令）就可打开 Python 命令行交互模式，Python 显示命令行提示符如下。

```
>>>
```

此时，用户可输入 Python 语句，Python 将交互式执行语句。用户也可输入 Python 表达式，Python 将计算表达式并返回结果值。输入命令 help()可以获取 Python 的详细交互式帮助文档。交互式 Python 提供给用户一种测试代码片段的便利方式。借助交互式 Python，用户可以访问相关文档以学习感兴趣的模块和函数。例如，如果读者希望了解 random 模块中的 randrange 函数，则可以输入以下命令。

```
>>>import random
>>>help(random.randrange)
```

接下来就可以获得这个函数的帮助文档了。

4. 编程的基本规范

上一章节作者建议初学者从一开始就主动遵循 Python 编程的一些基本规范。本章节同样列出了一些常见的规范。

（1）对象级别的精准表达。尽管作者在表述各语句时使用缩写的表达，但仍然建议初学者非常明确每个语句的精确表达是什么。深刻理解这种基于对象追踪的表达有利于理解 Python 编程的内在机制。因此，作者建议初学者在还没有完全掌握 Python 语句的精准表达时，要加强对精准语句的解释和描述，不要一开始就略过这一步而使用缩写。

（2）关于括号的使用。本书建议经常使用括号以增加程序的可读性，即使有时候括号是不必要的。例如，语句 "(year % 4 == 0) and (year % 100 != 0)"。使用括号有利于读者理解代码的内在逻辑。

（3）Python 可以使用连续比较，如 "a<b<c" 等价于 "a<b and b<c"；类似地，读者也可以用 "a = b = c = 17" 定义三个变量。

5. Python 程序设计中的常见错误

在本章节中，初学者常见的编程错误或注意事项主要如下。

（1）使用 sys.argv 这个函数获取命令行参数时，获取的是字符串对象。如果要进行数值运算，需要首先进行数据类型的转换。

（2）使用 Python 标准库模块中的函数时，首先要导入该模块，调用函数时要先写模块名。

（3）涉及数据区间时，要注意函数对数据区间边界的处理，如 "random.randrange(x, y)" 对应的数据区间是左闭右开的 "[x, y)"，而 "random.randint(x, y)" 是对应的数据区间是闭区间 "[x, y]"。

（4）Python 代码中的缩进是有含义的，如果无故缩进会导致错误。

（5）请区别对象的值相等和对象相等，值相等的对象不一定是同一个对象，同一个对象的值也不一定相等。后面的章节会介绍不可变数据类型和可变数据类型。使用 "==" 可以比较两个值是否相等（可能是一个对象，也可能是多个对象），使用 is 和 is not 可以比较对象是否为同一个。内置函数 type()可以返回对象的类型；id()可以返回对象的标识；repr()

可以以字符串的形式返回对象的值。

（6）关于对负数整除或者取余数。如"-47 // 5"等于-10，"-47 % 5"等于3。一般整除是向负无穷取整，而取余数则更复杂一些，一般整数"a % b"会得到一个与b具有相同符号的整数。对于任何整数a和b，表达式"b * (a // b) + a % b == a"成立。

（7）"^"在 Python 中并不是乘幂的符号，其是按位异或逻辑运算符，如"5^6"其实是"101^110"，结果是011，所以"5^6"的答案是3。

（8）原则上一般不去比较浮点数，尤其是浮点数的相等比较。如果特殊情况需要比较也要特别注意其精度。如"0.1 + 0.1 == 0.2"返回 True；但是，"0.1 + 0.1 + 0.1 == 0.3"将返回 False。

2.8　习　　题

1. 假设 a = 1234, b = 99，画出下面语句的对象级别的跟踪图。

```
t = a
a = t
t = b
d = a + b + t
```

2. 写一个程序，多次输入任一命令行参数 α ，判断是否总是有 $\sin^2\alpha + \cos^2\alpha = 1$ 。

3. 尝试输出下面的值。

```
print(2 + 3)
print(2.2 + 3.3)
print('2' + '3')
print('2.2' + '3.3')
print(str(2) + str(3))
print(str(2.2) + str(3.3))
print(int('2') + int('3'))
print(int('2' + '3'))
print(float('2') + float('3'))
print(float('2' + '3'))
print(int(2.6 + 2.6))
print(int(2.6) + int(2.6))
```

4. 编写一个程序，用于测试三个数是否满足构成三角形边的条件。

5. 编写一个程序，给定两个整数"a > b"，输出一个取值范围为"(a − b, a + b)"之间的随机整数。

6. 模拟掷两颗色子获得的随机点数。

7. 编写一个程序，程序带两个命令行参数 m 和 d，如果 m 月份 d 日的日期位于 3 月 20 日到 6 月 20 日之间，则输出 True，否则输出 False。

8. 编写一个程序实现顺序检查：依次输入三个数，如果是升序或者降序排列，则输出 True，否则输出 False。

9. 输出 5 个 0~1 间的随机浮点数，计算他们的平均值、最大值、最小值。

10. 接受三个命令行参数，然后按升序输出这三个数。

11. 请问表达式 "(math.sqrt(2) * math.sqrt(2) == 2)" 的求值结果为 True 还是 False？为什么？

12. 分别给出执行下列各语句系列后 a 的值。

a = 1	a = True	a = 2
a = a	a = not a	a = a * a
a = a + a	a = not a	a = a * a
a = a + a	a = not a	a = a * a

13. 一个学生使用下列表达式计算公式 $F = \dfrac{Gm_1m_2}{r^2}$ 的值时，发现结果并不正确，试分析原因并修正代码。

```
Force = G * mass1 * mass2 / radius * radius
```

14. 假定 x 和 y 为两个浮点数，分别用于表示笛卡尔坐标系平面上点 (x, y) 的坐标。试写出计算原点到坐标点 (x, y) 距离的表达式。

15. 极坐标（Polar coordinate）。请编写一个程序，实现笛卡尔坐标到极坐标的转换。程序带两个浮点数命令行参数 x 和 y，计算并输出极坐标 r 和 θ。提示：可使用 Python 函数 math.atan2(y, x) 计算 $\dfrac{y}{x}$ 的反正切值（取值范围为 $-\pi$ 到 π）。

16. 高斯随机数（Gaussian random number）。使用 Box-Muller 公式可产生符合高斯分布的随机数 $w = \sin(2\pi v)\sqrt{-2\ln u}$，其中，$\mu$ 和 v 是由函数 math.random() 生成的取值范围在 0 到 1 之间的实数。请编写一个程序，输出 5 个标准高斯分布随机数。

17. 球面大圆（great circle）。请编写一个程序，完成下列功能：程序带四个浮点数命令行参数 x1、y1、x2 和 y2（分别代表地球上两个点的纬度和经度，以度为单位），计算并输出两个点之间的最大圆距离。最大圆距离 d（单位为海里）的计算公式（由余弦定理公式推导）为 $d = 60\arccos(\sin(x_1)\sin(x_2)) + \cos(x_1)\cos(x_2)\cos(y_1 - y_2)$。注意公式中角度的单位为度，而 Python 三角函数参数的单位为弧度，可使用函数 math.radians() 和 math.degrees() 实现角度和弧度之间的转换。请运行所编写的程序计算巴黎（48.87°N, −2.33°W）和旧金山（37.8°N, 122.4°W）之间的最大圆距离。

18. 利用 Python 的内置函数将下列十进制数转化为二进制数。
   （1）3   （2）123   （3）17

19. 已知字符串 "You need Python"，在交互模式中分别实现如下效果。
   （1）获得字符串的第一个和最后一个字符。
   （2）获得字符串的字符总数。
   （3）将字符串中的 "You" 替换为 "I"。
   （4）将字符串中每个单词的首字母都变成大写。
   （5）以空格为分隔符分割此字符串，然后以 "@" 为连接符将其连接起来。

20. 直角三角形的斜边长度为 50，一条直角边的长度是 30。编写程序，计算另一条直角边的长度。

21. 已知半径为 23，编写程序计算：

（1）在交互界面计算圆的周长和面积。

（2）输出周长和面积的值，要求各自保留两位小数。

（3）将此程序保存到一个程序文件中（即".py"文件），并执行此程序。

即测即练

自学自测　　　　　扫描此码

第3章

顺序、选择和循环

引言

本章主要介绍 Python 程序设计过程中用到的顺序、选择和循环三种结构。顺序结构是最符合人类思维习惯的一种结构，它根据程序语句书写的先后顺序从前往后依次执行。选择结构分为单分支、双分支和多分支结构三种，可根据不同的条件执行不同的动作，动作用语句块表示，不再是从前往后顺序执行，而是增加了判断条件，根据判断条件的不同结果执行不同语句块，增强了程序的能力。循环结构包括 for 和 while 两种循环，具有通过简短代码执行复杂重复过程的能力。顺序、选择和循环三种结构的嵌套使编写程序有了无限的可能。

课程素养

本书通过介绍顺序结构让读者感受到程序设计在解决日常生活问题中的作用，例如，冰箱装大象的问题，清晰地描述了任何事情都是有先后顺序的。选择结构就好比日常生活中的"红灯停，绿灯行"的现象，通过选择结构读者能够明白，在人生道路上有诸多选择，一定要树立正确的世界观、人生观、价值观。循环的本质其实是重复，但并不是无条件地重复，任何人的成功都一样，都需要日复一日地坚持，具备百折不挠的精神。

思政案例

百钱买百鸡

今有鸡翁一，值钱伍；鸡母一，值钱三；鸡雏三，值钱一。凡百钱买鸡百只，问：鸡翁、母、雏各几何？

百钱买百鸡是由我国数学家张丘建提出的，若使用数学上的穷举法，通过人工穷举获得结果需要非常多次的遍历和很长时间，但是利用计算机的循环程序则可以立即得到结果。读者要感受到科技发展的必要性，时刻具有创新思维。

教学目标

通过学习以上三种结构对 Python 编程能有更加深入的了解。培养并锻炼程序设计思维，能够举一反三地解决实际问题。主要目标是：①理解 Python 编程中三种结构的内在逻辑；②学会使用选择结构中的单分支、双分支和多分支结构编写程序；③学会使用 for 和 while 循环编写程序，理解循环的工作原理；④掌握程序中的结构嵌套并能解决实际问题。

本章所有程序一览表

程序名称	功能描述	程序名称	功能描述
程序 3-1 (moneyChange.py)	货币兑换	程序 3-5 (chickenRabbit.py)	鸡兔同笼问题
程序 3-2 (timeConversion.py)	时间换算	程序 3-6 (multiplicationTable.py)	九九乘法表
程序 3-3 (solveEquation.py)	一元二次方程求解	程序 3-7 (factorization.py)	因子分解
程序 3-4 (fourOperations.py)	四则运算	程序 3-8 (threeDoors.py)	三门问题

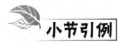 **小节引例**

赌徒破产问题。假设一个赌徒初始有 500 个筹码，每个筹码面值 100 元。假设该赌徒会连续下注一系列的单筹码的赌注，那么在一般情况下，赌徒注定会输光。如果设定一些限制条件则会出现不同的结果。例如，假设赌徒和庄家的赌技完全一样，每次各有 50%的概率获胜，但是每当赌徒赢钱时，赌场就会抽取 10%的红利，那么赌徒会多久输光？如果赌徒提前预订了一个收益上限，比如当手中有 1000 个筹码后就离场，则赌徒赢的概率是多少？最终赢或输需要下注多少次？如果赌场不抽成，但是考虑赌徒的技术可能没有庄家那么好，例如，每次赢的概率是 49.9%，这时赌徒最后能赢到 1000 个筹码的概率又是多少？通过对这个问题的模拟，可以让读者深刻理解赌博的本质，远离赌博，珍爱生命。

3.1　顺　序　结　构

程序语句会根据代码的书写顺序从上到下依次执行。本节主要通过两个例子介绍顺序结构。第一个例子是货币兑换问题。用户输入人民币的数额，计算机将分别计算并显示可以兑换的美元、英镑和欧元这三种货币的数额。在顺序结构中，有的语句是可以互换的，而有的不能。例如，在货币兑换问题中只有先确定了货币兑换的汇率才能进行兑换操作，不能将兑换操作放在确定货币兑换汇率前面。在确定兑换汇率后，具体进行货币兑换时，先兑换美元还是先兑换英镑则可以互换顺序。第二个例子是时间换算问题。用户输入一定的秒数，计算机将其转换为小时—分钟—秒的形式。例如，1000 秒等于 0 小时—16 分—40 秒。

1. 货币兑换问题

货币兑换问题如程序 3-1 所示。在本程序中，假定人民币对美元、英镑和欧元的汇率是固定的，用户输入人民币的数额，计算机则输出可兑换的三种货币金额。用户可以尝试修改程序，以使该程序支持手动输入 3 种汇率，保证汇率的时效性。对此类问题感兴趣的读者可以研究一下国际资金清算系统（SWIFT），能够对银行结算系统有更加深入的了解。

程序 3-1　货币兑换问题（moneyChange.py）

```
RMB_TO_USD = 0.1572    # 人民币对美元汇率
RMB_TO_EUR = 0.1422    # 人民币对欧元汇率
```

```
RMB_TO_GBP = 0.1193    # 人民币对英镑汇率

print('货币兑换程序')
print('1 元人民币可以兑换' + str(RMB_TO_USD) + '美元')
print('1 元人民币可以兑换' + str(RMB_TO_EUR) + '欧元')
print('1 元人民币可以兑换' + str(RMB_TO_GBP) + '英镑')

rmb = int(input('请输入您要兑换的人民币数：'))
print(str(rmb) + '元人民币可兑换：' + str(format(rmb*RMB_TO_USD, '.2f'))
      + '美元')
print(str(rmb) + '元人民币可兑换：' + str(format(rmb*RMB_TO_EUR, '.2f'))
      + '欧元')
print(str(rmb) + '元人民币可兑换：' + str(format(rmb*RMB_TO_GBP, '.2f'))
      + '英镑')
```

上述 Python 程序将根据输入的人民币数额输出相应可兑换的美元、英镑和欧元的金额。因为 RMB_TO_USD 是浮点数类型，所以在做字符串连接的时候要用 str() 函数将 RMB_TO_USD 转化为字符串类型，否则会出错。因此在语句 "print('1 元人民币可以兑换' + str(RMB_TO_USD) + '美元')" 中，要写 "str(RMB_TO_USD)"。计算兑换货币后的结果保留两位小数，所以用 "format(rmb*RMB_TO_USD, '.2f')" 处理人民币兑换后的美元值，保留两位小数。程序 3-1 的运行结果如下所示。

```
% python moneyChange.py
货币兑换程序
1 元人民币可以兑换 0.1572 美元
1 元人民币可以兑换 0.1422 欧元
1 元人民币可以兑换 0.1193 英镑
请输入您要兑换的人民币数：1000
1000 元人民币可兑换：157.20 美元
1000 元人民币可兑换：142.20 欧元
1000 元人民币可兑换：119.30 英镑
```

上述货币兑换问题的原理和程序虽然简单，但有重要的作用。例如，在出国需要兑换其他国家货币时，就可以使用这样的货币兑换程序计算兑换额度。

2. 时间换算问题

将用户输入的秒数换算成时—分—秒的形式。已知一小时是 3600 秒，一分钟是 60 秒，所以给定任意秒数整除 3600 就能得到小时数（注意整除在 Python 中是两个斜线 "//" 而不是一个斜线 "/"）。类似地，整除 60 就能得到分钟数。最后计算分钟数后得到的余数就是剩余的秒数。基于上述描述，时间换算程序如程序 3-2 所示。

程序 3-2 时间换算（timeConversion.py）

```
seconds = int(input('请输入秒数：'))
```

```
print('{}秒 = '.format(seconds), end='')
# 参数 end=''中的两个单引号之间没有任何字符，表示后面将继续输出

hour = seconds // 3600
seconds = seconds % 3600    # 计算小时后剩余的秒数
minute = seconds // 60
seconds = seconds % 60       # 计算分钟后剩余的秒数
second = seconds   # 注意 second 和 seconds 的区别

print('{}时{}分{}秒'.format(hour, minute, second))
```

注意上述程序中 seconds 和 second 的区别。seconds 表示用户初始输入的总秒数，以及计算完小时后所剩的秒数和计算完分钟后所剩的秒数。second 表示将用户输入的秒数换算成时—分—秒的形式中的秒数。程序 3-2 的运行结果如下所示。

```
% python timeConversion.py
请输入秒数: 1000
1000 秒 = 0 时 16 分 40 秒
```

上述时间换算程序中，计算小时、分钟和秒的次序不能互换，否则程序无法计算出正确的结果。同时，上述程序利用两行代码输出了一行结果，其也有输出的顺序。另外，感兴趣的读者可以将上述程序逆向实现，即给定时—分—秒格式的时间将其转换为总秒数。

3.2　选　择　结　构

3.2.1　单分支选择结构

单分支选择结构是最简单的选择结构。该结构主要包括 if 关键字、条件判断表达式以及条件代码三个部分。关键字 if 的空格后面跟表达式，然后是冒号。关键字 if 后面的表达式的结果为真（True）或假（False）。如果条件判断语句的结果为真，则执行 if 语句后面跟的语句块。此时语句块要缩进四个空格，并且同一语句块的所有语句都应保持四个相同的空格。图 3-1 直观地说明了单分支选择结构的执行过程，当条件表达式为真时，执行后面的语句块后再执行接下来的"<following statements>"。否则，直接跳转到"<following statements >"而不执行 if 语句后面跟的语句块。

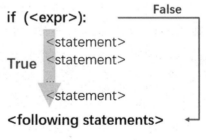

图 3-1　单分支选择结构

求一个数的绝对值是一个单分支选择结构的典型应用。如果一个数（x）是负数，则对这个数的符号取反并重新赋值给 x，否则不做任何处理。程序语句如下所示。

```
if x < 0:
```

```
    x = -x
```

给定两个数，将这两个数按升序排列，这一需求同样可以使用单分支结构满足。给定两个数 x 和 y，如果 x 小于或等于 y，则不做任何处理，直接输出。否则交换 x 和 y 的值。程序语句如下所示。

```
if x > y:
    temp = x
    x = y
    y = temp
print(x, '<', y)
```

注意，在交换 x 和 y 的值时不能直接写"x = y"和"y = x"，因为这样做的结果将是 x 和 y 的值都是 y 的值，没有达到交换的效果。需要使用一个中间变量 temp，先将 x 的值赋值给中间变量 temp，临时保存 x 的值，才能写"x = y"，接下来也不能写"y = x"，而是应该写"y = temp"，来使 y 的值等于 x 的值，达到交换的目的。

当然也可以使用 Python 中的元组装包和拆包的效果来交换两个数 x 和 y 的值。这样就可以直接写成"x, y = y, x"以交换 x 和 y 的值。上面的程序可以直接改成如下形式。

```
if x > y:
    x, y = y, x
print(x, '<', y)
```

可以看到 Python 提供了简洁的语法，也就是实现同样的功能，只需要更少的语句。这是很多其他编程语言所不具备的功能。

这里需要特别注意 if 条件语句中的缩进很重要，不同的缩进会导致不同的结果。如下面两个程序。

```
x = -3
if x >= 0:
    print('not ')
print('negative')
```

在上述程序中，如果 x 的值是负数，则 Python 将输出 negative，如果 x 的值是正数或 0，则 Python 将输出 not negative。而下面的程序则又是另一回事。

```
x = -3
if x >= 0:
    print('not ')
    print('negative')
```

上述程序中，如果 x 的值是负数则 Python 不输出任何结果，如果 x 的值是正数或 0，则 Python 输出 not negative。对比两个程序可以看到不同的缩进会导致不同的结果。因此，在编写程序时应特别小心地处理程序代码的缩进问题。

3.2.2 双分支选择结构

双分支选择结构为用户提供了更多的选择，可以实现更加复杂的业务逻辑，双分支选择结构如图 3-2 所示。

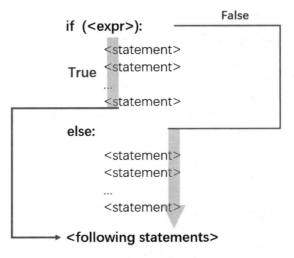

图 3-2　双分支选择结构

　　找出两个数中的较大数就可以使用双分支结构。对于两个数 x 和 y，如果 x 大于 y，则较大数是 x，否则较大数是 y。具体程序如下所示。

```
if x > y:
    maximum = x
else:
    maximum = y
```

　　事实上，上述程序也可以用单分支实现，即首先假设 x 是较大数，如果 y 大于 x，则较大数是 y。具体程序如下所示。

```
maximum = x
if y > x:
    maximum = y
```

　　在 Python 编程中，很多相同的功能可以通过不同的方式实现。例如，人们有时候可以选择双分支结构或者单分支结构实现相同的功能。在编写程序时一定要多加练习，可以经常研究一下优秀的程序和项目是如何实现的。

　　下面介绍双分支选择结构的另一个例子：除零的错误问题。在进行除法运算时，分母不能为 0，否则会发生异常。因此，可以通过判断分母是否为零来决定是否进行除法操作。关于解决除零错误的代码如下所示。

```
numerator = int(input('请输入分子: '))
denominator = int(input('请输入分母: '))
if denominator == 0:
    print('分母不能为零')
else:
    print(numerator / denominator)
```

　　在求解一元二次方程时，需要判断判别式是否大于或等于 0。如果判别式大于或等于 0，则存在实根，否则不存在实根。程序 3-3 将利用双分支结构判断表达式是否大于或等于 0，进而求解一元二次方程的根。

程序 3-3　一元二次方程求解程序（solveEquation.py）

```python
import math

print('求解一元二次方程')
a = float(input('请输入 a 的值: '))
b = float(input('请输入 b 的值: '))
c = float(input('请输入 c 的值: '))

discriminant = b * b - 4 * a * c
if discriminant < 0:
    print('方程不存在实根')
else:
    d = math.sqrt(discriminant)
    print((-b+d)/(2 * a))
    print((-b-d)/(2 * a))
```

上述 Python 程序将根据输入的一元二次方程系数的值输出相应的解。当输入的系数导致方程判别式小于 0 时选择执行 if 语句，输出'方程不存在实根'；当输入的系数使判别式大于或等于 0 时选择执行 else 语句，输出方程的两个解。程序 3-3 的运行结果如下所示。

```
% python solveEquation.py
求解一元二次方程
请输入 a 的值: 1
请输入 b 的值: 3
请输入 c 的值: 2
-1.0
-2.0
```

上文介绍了单分支选择结构和双分支选择结构，解决了真和假、是和否两种选择的分支。但是，如果在进行条件判断时存在大于两种可能时怎么办呢？这时候就要使用多分支选择结构。

3.2.3　多分支选择结构

Python 多分支选择结构需要用 if、elif 和 else 实现。在 Python 中 elif 指的是 else if。下面通过判断用户输入的一个整数是正数、负数还是零来演示多分支结构的语法，具体的程序如下。

```python
x = int(input('请输入一个整数: '))
if x > 0:
    print('您输入了一个正数')
elif x == 0:
    print('您输入了一个零')
else:
    print('您输入了一个负数')
```

在上述程序中用户输入的整数大于 0 时会提示用户输入了一个正数；当用户输入的整数等于 0 时，提示用户输入了一个零，否则提示用户输入了一个负数。事实上 elif 的数量可以是任意的，开发者可以根据具体情况，添加 elif 的数量。

有的时候，或许开发者还没想好具体要对多分支结构的某个分支采取何种操作，此时可以先使用 pass 命令来占位，让程序可以顺利运行，然后再编写具体的代码。例如，当用户输入零时，还没想好要怎样进行操作。

```
print('if-elif-else 演示程序')
print('输入一个整数，判定这个数是正数、负数还是零')
x = int(input('请输入一个整数：'))
if x > 0:
    print('您输入了一个正数')
elif x == 0:
    pass  # 暂未想好要对 x 等于 0 进行怎样的操作，可以使用 pass
else:
    print('您输入了一个负数')
```

下面将通过一个简单的四则运算介绍多分支结构。在输入方面，程序要求用户输入两个运算数和一个运算符（"+" "-" "*" "/"）。根据用户输入的两个数和运算符进行计算，并输出运算结果。具体程序如下所示。

程序 3-4　四则运算程序（fourOperations.py）

```
# 实现一个简单的四则运算
num1 = float(input('请输入第一个数：'))
print('您输入的第一个数为：', num1)
num2 = float(input('请输入第二个数：'))
print('您输入的第二个数为：', num2)

operator = input('请输入运算符：')
if operator == '+':
    print(num1, '+', num2, '=', num1+num2)
elif operator == '-':
    print(num1, '-', num2, '=', num1-num2)
elif operator == '*':
    print(num1, '*', num2, '=', num1*num2)
elif operator == '/':
    print(num1, '/', num2, '=', num1/num2)
else:
    print('无效的运算符')
```

上述程序将根据用户键盘键入两个数字及运算符输出相应的运算结果。程序 3-4 的运行结果如下所示。

```
% python fourOperations.py
请输入第一个数：8
您输入的第一个数为： 8.0
```

```
请输入第二个数：3
您输入的第二个数为： 3.0
请输入运算符：*
8.0 * 3.0 = 24.0
```

下面列出两个思考题。①如果输入加法运算符时后面多输入了一个空格，运算结果将如何？应该如何避免这种情况呢？②在进行除法运算时，程序并没有考虑分母可能为 0 的情况，那么应如何解决分母为 0 时导致的错误？

3.3　循　环　结　构

循环结构是在满足某些条件情况下重复执行某些操作，直到条件不满足为止的结构。循环结构可以让人们使用较短的代码来执行很复杂的任务。Python 常用的循环结构有 for 循环和 while 循环两种。

3.3.1　for 循环

for 循环使用一个整数变量控制循环迭代的次数，通过初始化一个变量为给定的整数，并在循环的每一步递增该变量到较大值（或递减该变量到较小值），然后测试整数值是否超过预定的最大值（或最小值），以确定是否继续循环。

for 循环需要定义一个变量，依次赋值后面序列中的元素，直到序列结束。序列的类型有很多种，后文会介绍列表、元组、集合和字典等序列。Python 内置的 range()函数也可以产生一个序列。下面将利用 for 循环实现 1 到 n 的累积和。要实现从 1 到 n 的遍历，只需要利用变量 i 循环遍历 range(1, n+1)。之所以写 range(1, n+1)而不是 range(1, n)，是因为 range(1, n)产生的序列是 1, 2, 3, …, n–1，少了 n。具体程序如下所示。

```
print('计算并输出 1+2+…+n 的累积和')
n = int(input('请输入 n 的值：'))
total = 0
for i in range(1, n+1):
    total += i              # 等价于 total = total + i
print(total)
```

range()函数可以产生一个序列。同样，字符串本身也是一个序列，因此开发者也可以利用 for 循环遍历字符串中的每一个字符。对字符串的遍历可以按下标遍历，也可以按字符遍历，下文将分别演示这两种遍历方法。

```
print('字符串遍历')
string = '山东省济南市山东师范大学'
for s in string:
    print(s, end = '-')
print()

for i in range(len(string)):
```

```
        print(string[i], end = '+')
print()
```

下文将通过中国古代一个著名问题—鸡兔同笼问题介绍 for 循环的应用。鸡兔同笼是中国古代著名典型趣题之一，大约在距今 1500 年前的《孙子算经》就记载了这个有趣的问题：今有雉兔同笼，上有三十五头，下有九十四足，问雉兔各几何？

这四句话的意思是：有若干只鸡兔同在一个笼子里，从上面数，有 35 个头，从下面数，有 94 只脚。问笼中各有多少只鸡和兔？

如果从数学的角度来解决这个问题，那么可以通过解二元一次方程组得到答案。假设鸡的数量为 x，兔的数量为 y，则有

$$\begin{cases} x + y = 35 \\ 2x + 4y = 94 \end{cases}$$

求解二元一次方程可知鸡的数量为 23，兔的数量为 12。

如果从编程的角度该怎么解决这个问题呢？首先，由于共有 35 个头，故可知 x 的范围是从 0 到 35。这样就可以利用 range(36) 来表示 x 的取值范围。又已知 $y=35-x$，那么可以让 x 从 0 到 35 遍历每一个数，并同时计算一个相应的 y，进而判断 x 和 y 的值是否满足 $2x+4y=94$ 这个关于脚的条件。综上所述，可编写程序如下。

程序 3-5　鸡兔同笼问题程序（chickenRabbit.py）

```
print('鸡兔同笼问题')
# 假设鸡的数量为 x，兔的数量为 y
for x in range(36):      # 鸡的数量小于或等于 35
    y = 35 - x
    if 2 * x + 4 * y == 94:
        print('鸡的数量为{}，此时兔的数量为{}。'.format(x, y) )
        # break 如果答案唯一，可用 break
        # 否则不用 break，输出所有答案
```

上述程序中，x 表示鸡的数量，y 表示兔的数量。鸡兔共 35 只，因此鸡的数量不超过 35 只，利用 for 循环从 0 到 35 遍历 x，只要满足 $2x+4\times(35-x)=94$ 这一条件的 x 即为鸡兔同笼问题的解。程序 3-5 的运行结果如下。

```
% python chickenRabbit.py
鸡兔同笼问题
鸡的数量为 23，此时兔的数量为 12。
```

在应用 for 循环求解鸡兔同笼问题时，二元一次方程组的解可能有三种不同情况，分别是唯一解、无解、无穷多解。针对唯一解的情况，开发者可以在 for 循环中添加 break 语句以减少循环的次数。减少循环的次数可以降低程序运行时间，是提升程序效率的重要方法，当然，前提是要保证程序的正确性。

参考上述鸡兔同笼问题的程序，读者可以对本章的"百钱买百鸡"问题进行思考并利用 for 循环实现问题的求解。

3.3.2   while 循环

Python 的另一种常用循环结构是 while 循环，其常被用于需要重复操作的计算任务中。该语句的含义是指示计算机执行下列操作：如果布尔表达式的求值结果为 False，则什么也不做；如果布尔表达式的求值结果为 True 则按照顺序执行语句块中的语句，然后继续检查布尔表达式，如果其求值结果为 True 则循环执行语句块，直到布尔表达式的结果为 False。

下文将通过实例说明 while 循环的语法结构。输入正整数 n，输出底为 2 的幂指数小于或等于 n 的所有值。也就是用户输入任意一个正整数，程序会依次输出 $2^0, 2^1, \cdots, 2^n$。当然，此问题同样也可以使用 for 循环实现。事实上，在很多时候，while 循环和 for 循环之间具有互换性，具体的程序如下所示。

```
print('输入正整数 n，输出底为 2 幂指数小于或等于 n 的所有值')
n = int(input('请输入 n 的值：'))
power = 1
i = 0
while i <= n:
    print(str(i) + ' ' + str(power))
    power = 2 * power  # 精简代码 power *= 2
    i = i + 1 # i += 1
```

下面的例子将输出 10 次"Hello"。由于前三次输出的内容不同于后面 7 次，所以需要单独输出前三次的内容。下面程序将分别使用 while 循环和 for 循环进行输出。读者可以更容易看清两者的区别，具体的程序如下所示。

```
print('1st Hello')
print('2nd Hello')
print('3rd Hello')
i = 4
while i <= 10:
    print(str(i) + 'th Hello')
    i = i + 1

for i in range(4, 11):
    print(str(i) + 'th Hello')
```

循环结构能根据特定的条件多次执行某些语句。对于复杂的任务，当循环次数很大时，如果不使用循环结构则根本无法有效率地完成任务。表 3-1 给出了一些常见循环结构的实现过程。

在 for 循环和 while 循环中，有的时候可以循环执行一系列语句，仅当满足循环终止条件时才跳出循环。也就是说，循环控制条件并不在循环结构的开始位置，而是在中间部位。这种结构被称为"循环和中断（loop and a half）"，此时整个循环只是执行了一部分。Python 语言用于循环中断的语句为 break 语句，当执行 break 语句时，Python 将立即跳出 break 语句所在的最内层循环。

表 3-1　循环结构功能代码示例表

功能示例	实现代码

输出前 $n+1$ 个 2 的乘幂的值	`power = 1`
	`for i in range(n+1):`
	　　`print(str(i) + ' ' + str(power))`
	　　`power *= 2`

输出小于或等于 n 的最大的 2 的乘幂的值	`power = 1`
	`while 2 * power <= n:`
	　　`power *= 2`
	`print(power)`

计算并输出 $1+2+\cdots+n$ 的累计和	`total = 0`
	`for i in range(1, n+1):`
	　　`total += i`
	`print(total)`

计算并输出 n 的阶乘
（即 $n!=1\times2\times\cdots\times n$ ）
	`product = 1`
	`for i in range(1, n+1):`
	　　`product *= i`
	`print(product)`

输出 $n+1$ 个函数值列表	`for i in range(n+1):`
	　　`print(i, end=' ')`
	　　`print(2.0 * math.pi * i / n)`

输出标尺函数	`ruler = '1'`
	`print(ruler)`
	`for i in range(2, n+1):`
	　　`ruler = ruler + ' ' + str(i) + ' ' + ruler`
	　　`print(ruler)`

例如，在单位圆中生成随机分布的坐标点时可以调用 random.random()函数随机生成 x 坐标和 y 坐标，从而随机生成以坐标原点为中心、面积为 2×2 的正方形区间的坐标点。此时，大多数坐标点将位于单位圆的范围内，所以只需要丢弃单位圆范围外的坐标点即可。如果只需要生成单位圆内的一个坐标点，则可以使用条件永真的 while 循环结构：在循环体中随机生成一个在 2×2 的正方形区间内的坐标点 (x,y)，如果该坐标位于单位圆内，则可以使用 break 语句跳出 while 循环结构，程序的代码片段如下。

```
while True:
    x = -1.0 + 2.0*random.random()
    y = -1.0 + 2.0*random.random()
    if x*x + y*y <= 1.0:
        break
```

注：需要跳出死循环时，可以使用快捷键 Ctrl+C 终止当前程序运行。

除了 break 语句之外，continue 语句在循环结构中也发挥着重要作用。例如，要返回到循环开始，并根据条件测试结果决定是否继续执行循环，则可使用 continue 语句。例如，只想打印 0～10 之间的奇数则可以使用 continue 语句跳过某些循环，程序代码片段如下。

```
n = 0
while n < 10:
    n = n + 1
    if n % 2 == 0:          # 如果 n 是偶数，则执行 continue 语句
        continue
# continue 语句会直接继续下一轮循环，后续的 print()语句则不会被执行
```

```
    print(n)
```

3.4 语 句 嵌 套

一条 if、while 或 for 语句的语句体支持嵌套另一条 if、while 或 for 语句。下文将利用九九乘法表、因子分解、三门问题这三个例子介绍 Python 中的语句嵌套。

1. 九九乘法表

九九乘法表是数学中的乘法口诀，输出九九乘法表时开发者可以利用两个 for 循环进行嵌套，第一个 for 循环从 1 到 9 遍历，假设循环变量为 i，则对 i 等于 1 需要计算 "1*1"，对 i 等于 2 需要计算 "1*2" 和 "2*2"，对 i 等于 3 需要计算 "1*3" "2*3" 和 "3*3"，由此可知，对任意的 i，第二个 for 循环需要从 1 到 i 遍历，综上所述可编写程序如下。

程序 3-6 打印九九乘法表（multiplicationTable.py）

```
for i in range(1, 10):
    for j in range(1, i+1):
        print('{}x{}={}\t'.format(j, i, i*j), end='')
    print()
```

上述程序利用两层 for 循环打印九九乘法表。程序 3-6 的运行结果如下所示。

```
% python multiplicationTable.py
1x1=1
1x2=2 2x2=4
1x3=3 2x3=6  3x3=9
1x4=4 2x4=8  3x4=12 4x4=16
1x5=5 2x5=10 3x5=15 4x5=20 5x5=25
1x6=6 2x6=12 3x6=18 4x6=24 5x6=30 6x6=36
1x7=7 2x7=14 3x7=21 4x7=28 5x7=35 6x7=42 7x7=49
1x8=8 2x8=16 3x8=24 4x8=32 5x8=40 6x8=48 7x8=56 8x8=64
1x9=9 2x9=18 3x9=27 4x9=36 5x9=45 6x9=54 7x9=63 8x9=72 9x9=81
```

2. 因子分解

因子分解是将给定的合数分解为素数的乘积的过程，处理因子分解问题时可以利用两个 while 语句嵌套，第一个 while 语句用于判断因子的乘积是否小于 n，第二个 while 语句用于判断 n 是否能被因子整除以实现因子的分解，综上所述可编写程序如下。

程序 3-7 因子分解程序（factorization.py）

```
n = int(input('请输入 n 的值: '))
factor = 2
while factor * factor <= n:
    if n % factor == 0:
        print(factor, end=' ')
    while n % factor == 0:
        n //= factor
        # print(factor, end=' ')
    factor += 1
```

```
if n > 1:
    print(n)
```

程序 3-7 的运行结果如下所示。在这个例子中，第一个 if 语句放在内层 while 循环前面是为了让相同因子只打印一次，如果把这个 if 语句删掉并在 while 循环中输出（取消注释），则程序的输出结果变为"2 2 2 7 13 13 397"。由此可见程序的不同写法会得到不同的结果。

```
% python factorization.py
请输入 n 的值: 3757208
2 7 13 397
```

思考一下，为什么第一个 while 循环的条件是"factor * factor <= n?"而不建议写成"factor <= n"呢？如果是后一种，那么上面的程序该如何修改？这种写法又有什么缺点呢？

3. 三门问题

三门问题是一个经典的概率问题。设一个参赛者面对三扇关闭的门，其中一扇门的后面有一辆汽车，选中这扇门可赢得该汽车，而另两扇门后面则各藏有一只山羊。当参赛者选定了一扇门但未去开启它的时候，主持人将开启剩下两扇门的其中一扇，露出其中一只山羊，也就是排除一个错误答案。此时，参赛者拥有一次改变选择的机会，主持人会问参赛者要不要选择另一扇关着的门。如果你是参赛者，你会如何选择呢？这个问题的本质是换另一扇门是否会增加参赛者赢得汽车的概率。利用代码可以模拟这个问题，编写程序如程序 3-8 所示。

程序 3-8　三门问题的程序（**threeDoors.py**）

```
import sys
import random

n = int(sys.argv[1])    # 实验 n 次
wins = 0                # 赢的次数

for i in range(0, n):
    # 主持人随机将奖品统一藏在 3 扇门中的某 1 扇门后
    prize = random.randrange(0, 3)

    # 参赛者从 3 扇门中随机抽取 1 扇
    choice = random.randrange(0, 3)

    # 主持人随机打开一扇不含奖品的门
    reveal = random.randrange(0, 3)
    while (reveal == choice) or (reveal == prize):
        reveal = random.randrange(0, 3)

    # 计算参赛者交换到的剩余门
    other = 0 + 1 + 2 - reveal - choice
```

```
    # 交换是否会带来胜利？
    if other == prize:
        wins += 1

fractionWon = wins / n

# 得出最终结果
print('Fraction of games won = ', fractionWon)
```

程序运行后如下。

```
% python threeDoors.py 3000
Fraction of games won 0.6679866798667987
```

人们在处理这个问题时，常见的误区在于以为换不换门猜对的概率都一样。不过这里需要特别注意的是，主持人知道哪扇门后面有奖、哪扇门后面没奖，他开门会帮助参赛者排除一个错误答案，但是不能打开后面有汽车的门。也就是说，主持人看似是在剩下的两扇门中随便开一扇门，但是有时候他只能打开其中的一扇门。事实上，不换门的话，赢得汽车的概率是 1/3。换门的话，赢得汽车的概率是 2/3。由此可见，人们的直觉有时候其实并不太准，让科学计算来支持决策往往能达到更好的结果。

3.5　小　结

1. 注意区分运算符 "=" 和 "==" 的区别

在条件表达式中应该使用 "==" 运算符而不是 "=" 运算符。赋值语句 "x = y" 是把 y 的值赋值给 x；而表达式 "x == y" 则用于判断两个变量的当前值是否相等。在 Python 语言中，赋值语句不是表达式。

2. 注意 Python 语句块的缩进规则

Python 语句块中所有语句的缩进必须保持一致，否则，Python 将在编译时抛出 IndentationError 错误。Python 程序员通常采用 4 个空格缩进的方案。当然，这并不是必须的，读者也可以根据自己的习惯选择其他缩进方案（如 6 个空格缩进的方案）。

3. 在编写嵌套语句的时候要注意空格的使用

Python 使用缩进来区分嵌套的代码段，因此在代码左边的空格意味着嵌套的代码块。除了缩进以外，空格通常是被忽略掉的。在同一段代码块中应避免混用 tab 和空格，除非已知运行代码的系统是怎么处理 tab 的。否则，在编辑器里看起来是 tab 的缩进也许会被 Python 视作一些空格。保险起见，建议在每个代码块中全用 tab 或全用空格缩进。

4. 内置函数 range( ) 可以创建步长不为 1 的整数序列

range() 函数包含第 3 个可选参数 step，其默认值为 1。"range(start, stop, step)" 可以产生整数序列："start" "start + step" "start + 2*step"，以此类推。如果 step 为正整数，则序列

递增直至"start + i*step >= stop"；如果 step 为负整数，则序列将递减直至"start + i*step <= stop"。例如，"range(0, –100, –1)"将返回整数序列：0，–1，–2 ，…，–99。

5. 注意选择和循环结构中的条件表达式

绝大部分合法的 Python 表达式都可以被视为条件表达式。在选择和循环结构中，条件表达式的值只要不是 False、0、空值 None、空列表、空元组、空集合、空字典、空字符串、空 range 对象或其他空迭代对象，那么 Python 解释器均认为其应与 True 等价。

6. 注意代码跨行书写的情况

Python 中一行长代码可以跨多行书写，但由于 Python 代码是基于缩进规则的，所以需要注意：如果跨越多行的表达式被包括在括号（方括号或花括号）中，则可以直接跨行书写，但其他情况下则必须在各行的末尾添加续行符（反斜杠\）。

3.6 习　　题

1. 请编写一个程序，实现这些功能：程序带三个整数命令行参数，如果三个数相等，则输出 equal，否则输出 not equal。

2. 请编写一个程序，实现这些功能：输入三个整数，按由小到大的顺序输出这三个数。

3. 请编写一个程序，实现这些功能：从键盘键入（input()）三个整数作为三角形的三条边，判断这三个整数值能否构成一个三角形。

4. 请分别在使用和不使用分支的条件下编写程序，实现这些功能：先后输入两个数，如果前一个数大于后一个数，则交换前后两个数的值；否则，两个数保持不变。

5. 请利用分支结构编写一个程序，实现这些功能：从命令行接收一个整数并判断该数字代表的年份是否为闰年。

6. 图书批发商店的某本书的零售价是 26.5 元/本，如果客户一次性购买 100 本以上（包括 100 本），则每本书打 9 折，如果客户一次性购买 500 本以上（包括 500 本），则每本书打 8 折并返回 1000 元给客户，请计算购买 8 本、150 本、600 本的应付金额分别是多少。（要求购买书的数量从控制台输入）

7. 宇宙速度（cosmic velocity）是指物体从地球出发要摆脱天体引力的束缚所需要的速度。例如，第一宇宙速度的大小约为 7.9 km/s，达到这个值物体就可以围绕地球做圆周运动。其他宇宙速度的值及相关论述请自行查阅《百度百科》中的"宇宙速度"词条。根据所得数值编写程序，根据用户输入的速度值判断物体以该速度运动的结果。

8. 假设某人有 100 元，现在有一个投资渠道，可以每年获得 10%的利息，如此一年以后将有 100*1.1 元，编写程序，输出连续 10 年每年此人将拥有多少钱？

9. 请编写一个程序，实现从命令行输入一系列的整数并输出他们对应的阶乘。

10. 请编写一个程序，实现字符分类统计：输入一个字符串，分别统计字母、数字、下画线以及其他字符的统计结果。

11. 请编写一个程序，从键盘输入获取两个整数，求它们的最大公约数。

12. 利用 for 循环实现：以一个人第一天的能力值 en 为基数，记为 1.0，当好好学习时能力值相比前一天提高 1‰，问每天努力学习，一年（365 天）后的能力值 en 有多少？

13. 请编写一个程序，实现键盘输入的整数反转，如"12345"，输出"54321"。

14. 请编写程序进制转换，尝试将正整数 n 转为 K 进制的数字，其中 K≤16。提示：可以先尝试十进制转二进制。

15. 一张报纸，对折，再对折，继续对折（假设不会因为面积太小而无法对折），请计算对折 30 次，其厚度为多少（以米为单位）？（假设每张报纸的厚度是 2×10^{-4} 米）

16. 请编写一个程序寻找出所有小于或等于 n 的水仙花数。水仙花数是指一个三位数，它每个数位上的数的 3 次幂之和等于它本身。例如，153 是水仙花数满足 $1^3 + 5^3 + 3^3 = 153$。

17. 如果一个 n 位正整数等于其各位数字的 n 次方之和，则可称该数为阿姆斯特朗数。例如，153 是一个正整数，即 $1^3 + 5^3 + 3^3 = 153$。请编写程序，判断用户输入的数是否为阿姆斯特朗数。

18. 输出 100~200 能被 7 整除但不能被 5 整除的数。

19. 请编写一个程序 gcd.py，使用欧几里得算法查找两个整数的最大公约数。欧几里得算法是一种迭代算法：如果 x 大于 y，且 y 可以整除 x，则 x 和 y 的最大公约数为 y；否则 x 和 y 的最大公约数就是"x%y"和 y 的最大公约数。

20. 请编写一个程序，产生一个随机分布在单位圆内的坐标点，要求程序不能使用 break 语句。

21. 请编写一个程序 relativelyPrime.py，实现这些功能：程序带一个命令行参数 n，输出一个 n 行 n 列的列表：对于第 i 行和第 j 列位置，如果 i 和 j 的最大公约数是 1（即 i 和 j 的最大公约数是互素数，或称互质数），则输出"*"；否则输出空白。

22. 一只猴子摘了一些桃子。它第一天吃掉了所有桃子的一半，还不过瘾，又多吃了一个；第二天早上又将剩下的桃子吃掉一半，再吃了一个。以后每天都吃了前一天剩下的一半并多一个。到第 10 天想再吃桃子时，发现只剩下一个了。编写程序，计算这只猴子总共摘得了多少桃子？

23. 编写程序，当用户输入任意整数的时候判断最后一位数字是否为偶数，如果是，则将当前整数的数字顺序翻转，并输出结果。例如，用户输入的是 234，则输出 432；如果输入 120，则输出 21。

24. 编写程序，模拟并求解本章引例中的赌徒破产问题。

即·测即练

列表、元组、字典和集合

第4章

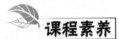

本章主要介绍 Python 程序设计过程中用的列表、元组、字典和集合四种数据类型。在数据分析的过程中，人们一般用列表存储和处理大量数据。当列表中存储数据的类型相同时，可以构成"数组"这一数据结构。列表是有序的，可以通过下标访问列表元素。此外，元组和字典也提供了存储数据的方式。正是有了列表、元组、字典和集合的存在，Python 才具有强大的程序功能。

课程素养

本章学习的列表、元组、字典和集合等对大量数据类型的处理，就像个人与集体的关系，需要相互关联，互相作用，每个人是一个个体，这些人共同组成了"人民"这样一个集体。

思政案例

矩 阵 之 美

矩阵是数学中一个非常重要的概念，也是线性代数的基础概念之一。矩阵在人们的生活中有很多实际应用，例如，数码相机中的照片就是由一个个像素点排列形成的一张矩阵。矩阵是线性代数的基础，它和向量一样，是非常重要的数学工具。人们可以利用矩阵运算求解线性方程组、进行线性变换，也可以利用矩阵研究图像处理、网络传输等。它的意义不仅局限于学术领域，更是人们日常生活的重要组成部分。人们可以通过 Python 编写程序实现矩阵的运算，进一步体会矩阵的奥妙之处。

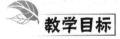

通过对列表、元组、字典和集合的学习可以对编程有更深入的了解。使用 Python 编写基于列表、元组等的程序，进一步培养读者的程序设计思维。本章的主要目标是：①理解什么是列表、为什么需要列表，理解列表和元组以及和数组间的区别，在编写程序时什么情况下使用列表、什么情况下使用元组；②熟练掌握列表的常用操作和基本方法，如切片、排序、复制、求最大最小值等，掌握列表生成式的相关内容；③了解元组、字典和集合的相关知识和常用操作。

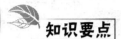

本章所有程序一览表

程序名称	功能描述
程序 4-1（hamming.py）	汉明距离
程序 4-2（poker.py）	扑克牌模拟问题
程序 4-3（matrixMultiplication.py）	矩阵相乘
程序 4-4（selfavoid.py）	自回避随机行走
程序 4-5（scores.py）	学生成绩
程序 4-6（fruit_price.py）	水果单价
程序 4-7（name_list.py）	学生名单

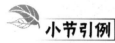

自回避随机行走问题。假设把一条狗放置在一个大城市的中心位置，大城市的街道将构成网格。假设城市包括 n 条南北走向的街道和 n 条东西走向的街道，所有的街道均匀分布交叉。现在，这条狗试图逃出城市，它将在每个交叉路口随机选择方向，但不走重复的路，若走入死胡同则只能重走已经走过的交叉路口，请问它走入死胡同的概率是多大？这个简单有趣的问题就是著名的"自回避随机行走（self-avoiding random walk）"问题。

4.1　列　　表

4.1.1　列表与列表的应用

列表是一组有序项目的集合，它支持存储可变的数据类型，支持增删改查。列表围绕方括号[ ]组织数据，不同成员以逗号分隔。列表可以包含任何数据类型，可以包含另一个列表，也可以包含不相同的数据类型，支持通过索引访问其成员。列表是 Python 的一种基本数据类型，下文将介绍有关列表的内容。

1. 列表的创建

在 Python 语言中，创建列表最简单的方法是在方括号中放置逗号分隔的字面量，这些字面量可以是相同数据类型，也可以是不同数据类型。例如，下面的代码将直接用[ ]创建一个列表。

```
list1 = []
list2 = ['Jan', 'Feb', 'Mar', 'Apr', 'May']
list3 = [20, 30, 40, 50]
list4 = [1, 2, 'jan', True,4.5]
```

开发者可以使用下标索引访问列表中的值，列表的索引下标从 0 开始。例如，列表 list2 的第 1 个元素为 list2[0]，第 2 个元素为 list2[1]，以此类推。如果不注意从 0 开始索引的规范则会导致非常严重的"差一错误"（off-by one error），这种错误非常难以排查，需要读者特别注意。

除了上面的创建方法，开发者还可以通过多种其他方式生成目标列表，表 4-1 列出了一些常用的创建列表的方法。

表 4-1　常用的创建列表的方法

创建方法	实现代码	输出结果
list():可以创建一个空列表，也可以将可迭代数据转化为列表类型	list() list('apple') list((1, 2, 3))	[] ['a', 'p', 'p', 'l', 'e'] [1, 2, 3]
list(range(start,stop)):将 range()函数产生的数字序列转换为列表类型	list(range(3, 10)) list(range(1, 10, 2))	[3, 4, 5, 6, 7, 8, 9] [1, 3, 5, 7, 9]
[expression for i in 序列 if...]:通过列表生成表达式创建列表	[i for i in range(1, 11) if i%2 == 0] [random.randrange(1, 100) for _ in range(5)]	[2, 4, 6, 8, 10] [27, 21, 63, 32, 72]
利用索引与切片创建列表	list1 = ['G', 'F', 'T', 'M', 'J', 'S'] list1[2] # 获取第三个元素 list1[0:4] # 切片获得第 1-4 个元素的列表片段	['T'] ['G', 'F', 'T', 'M']
利用列表的运算创建列表	[False]*3 [0]*5 [1]*5	[False, False, False] [0, 0, 0, 0, 0] [1, 1, 1, 1, 1]

2. 列表的内存表示

指向列表元素的引用在内存中是连续存储的，因此开发者可以简单高效地访问任何列表元素。为了方便讲解，这里假设计算机内存包括 1000 个值，相应的内存地址编号为从 000 到 999，且一个包括 3 个元素的列表 x[]被存储在内存地址 523～526 中，其中列表长度被存储在内存地址 523 中，指向数组元素的引用则被存储在内存地址 524～526 中。当程序调用 x[i]时，Python 将生成代码，将列表 x[]第一个元素的内存地址加上索引值 i 作为 x[i]所对应的内存地址。列表 "x = [0.30,0.60,0.10]" 的内存表示示意图如图 4-1 所示，在图 4-1

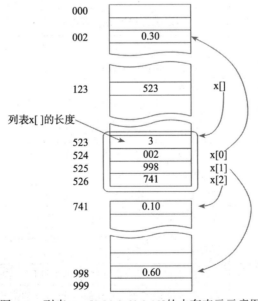

图 4-1　列表 x = [0.30,0.60,0.10]的内存表示示意图

中，Python 代码 x[2]将被转换为机器语言，以查找内存地址为 524+2 的引用。这种简单实用的方法同样适用于海量数据的情形，使访问一个列表元素 i 的引用和操作非常高效，因为其仅涉及两个基本操作：计算两个整数之和，然后访问（引用）内存。

3. 对象的可变性

如果对象的值一旦创建就不可更改，则可称该对象为不可变对象。Python 中不可变数据类型有字符串（单个字符）、int、float、bool、元组，其所有的对象均不可变。作为对比，可变数据类型则有列表/数组、字典、集合，其所有对象包含的值均可变。下面将给出两种数据类型的定义。

可变数据类型：当该数据对应的变量的值发生了变化时，如果它对应的内存地址能够不改变，那么这个数据就是可变数据类型。

不可变数据类型：当该数据对应的变量的值发生了变化时，如果它对应的内存地址也发生了改变，那么这个数据就是不可变数据类型。

不可变数据类型中存在一个特例，即元组数据类型。元组类似列表数据类型，可以存储数值类型、字符串、列表、元组，但是一经创建，元组内部的元素的值就不能再修改了。不过也有特殊情况，元组中如果包含列表，那么列表的值是可以变的。开发者可以对元组进行连接组合，首先将一个元组赋值给一个变量，再将另一个元组与该变量的元组进行连接。在输出变量的内存地址时就会发现，连接元组后变量内存地址发生了改变。所以元组是不可变数据类型。

4. 列表的基本操作

1）列表的常用运算、函数和方法

Python 中的列表能够进行许多运算操作，表 4-2 列出了常用的列表操作 API。这些列表 API 中的运算操作可以分为以下几个类别。

表 4-2　列表的常用运算、函数和方法

函数与方法	描述
list1 + list2	拼接两个列表 list1 和 list2
list1 * n	拼接列表 list1 重复 n 次
len(list1)	列表 list1 的元素个数
max(list1)	返回列表 list1 中所有元素的最大值
min(list1)	返回列表 list1 中所有元素的最小值
list(seq)	将元组 seq 转换为列表
list1.append(obj)	在列表 list1 末尾添加一个新的元素 obj
list1.count(obj)	统计某个元素 obj 在列表 list1 中出现的次数
list1.extend(seq)	在列表 list1 的末尾一次性追加另一个序列 seq 中的多个值（用新列表扩展原来的列表）
list1.index(obj)	从列表 list1 中查找指定元素 obj 的索引下标并返回
list1.insert(index, obj)	将元素 obj 添加到列表 list1 的第 index+1 的位置

函数与方法	描述
list1.pop([index=-1])	移除列表 list1 中的一个元素（默认为最后一个元素），并且返回该元素的值
list1.remove(obj)	移除列表 list1 中某个元素 obj 的第一个匹配项
list1.reverse()	该方法没有返回值，但是会对列表 list1 的元素进行反向排序
list1.sort(key=None, reverse=False)	对列表 list1 进行排序，key 是排序的条件，reverse 为排序规则，"reverse = True"降序，"reverse = False"升序
list1.clear()	清空列表 list1
list1.copy()	对列表 list1 进行浅复制

（1）内置运算符，主要有+和*运算。

（2）内置函数，如利用 len()函数可以求得列表的长度，max()和 min()函数可以获取列表中的最大值和最小值。

（3）方法，append()、count()、extend()等，在 API 中以变量名与点运算符区分。

表 4-3 列举了若干典型的列表操作示例，假设创建了两个列表，那么下面的案例就是基于创建的两个列表 list1 和 list2 的操作。

表 4-3 典型的列表操作示例

代码功能	代码片段
使用 "+"号将 list1 与 list2 拼接起来	list1 + list2
通过 index()方法从列表 list1 中查找第一个元素 2 的下标	list1.index(2)
统计元素 2 在列表 list1 中出现的次数	list1.count(2)
将 list2 中的元素一次性追加到 list1 中	list1.extend(list2)
将元素'dwarf'添加到列表 list1 的末尾	list1.append('dwarf')
将元素'dwarf'插入列表 list1 中索引为 2 的位置上	list1.insert(2, 'dwarf')
将列表 list1 中索引为 1 的元素删除	list1.pop(1)
将在 list1 中出现的第一个'T'元素删除	list1.remove('T')
将 list1 中的元素进行降序排列	list1.sort(reverse=True)

2）列表的别名与复制

在 Python 中，给一个对象赋值实际上就是实现该对象对某一内存空间中存储的值的引用。当把对象赋值给另一个变量的时候，这个变量并没有复制这个对象，而只是复制了这个对象的引用。这种引用被称为别名。换句话说，也就是两个变量将指向同一对象。示例如下。

```
list1 = [1, 2, 3, 4, 5]   # 定义一个新列表
list2 = list1             # 对 list2 赋值
print(list1)
list2[0] = 100
```

```
print(list1)
```

输出结果如下。

```
[1, 2, 3, 4, 5]
[100, 2, 3, 4, 5]
```

在上面的例子中，list2 与 list1 指向的内存空间是相同的，此时通过索引改变 list2 中的元素，那么 list1 中的元素也会发生改变。因此，可以称 list1 与 list2 互为别名。若想要实现列表的真正复制，要首先明确互为别名、浅复制与深复制的区别。以 list1 与 list2 为例。当 list2 = list1，二者互为别名。此时，list2 指向 list1 指向的对象，二者指向的内存空间是相同的。当 list2 是 list1 的浅复制时（如 "list2 = list1[:]"），此时 list2 会创建新的内存地址以存放 list1 指向的对象，但是两个对象的元素指向相同的内存地址。也就是说，对列表中的可变对象元素，他们存储的内存地址相同。此时，如果改变某一个列表中可变数据对象的值，另一个列表中的可变数据对象也会发生变化。最后，当 list2 是 list1 的深复制时，list2 将额外创建内存空间来存储 list1 中所有可变数据对象。此时，无论怎样改变新列表的值都不会影响原列表的值。

Python 支持以下几种常用的列表复制方法，首先定义一个新的列表 "list1 = [1, 2, [3], 4]"，下面以 list1 为原列表进行浅复制和深复制，如表 4-4 所示。

表 4-4　列表的浅复制与深复制

操作方法	代码实现
利用切片对 list1 进行浅复制	list2 = list1[:]
利用 copy 模块对 list1 进行浅复制	import copy list3 = copy.copy(list1)
利用 list()方法对 list1 进行浅复制	list4 = list(list1)
利用 extend()方法对 list1 进行浅复制	list5 = [] list5.extend(list1)
利用列表推导式对 list1 进行浅复制	list6 = [i for i in list1]
利用 copy 模块中的 deepcopy 对 list1 进行深复制	import copy list7 = copy.deepcopy(list1)

下文将举一个例子对列表 "a = [1, 2, [3, 4]]" 的别名与浅复制进行详细阐述，以帮助读者进一步理解列表的不同复制的区别，如图 4-2 所示。为了方便起见，还是假设计算机内存包括 1000 个值，相应的内存地址编号从 000 到 999。创建一个列表 "a = [1, 2, [3, 4]]"，假设列表 a 存储在内存地址 524～526 中，内存地址 524 存储的是元素 1 的指针 002，依次类推，可知内存地址 525 存储的是元素 2 的指针 998，内存地址 526 存储的是元素[3,4]的指针 741。令列表 b = a，则此时 b 与 a 互为别名，它们指向的内存空间都是相同的。令列表 c = copy.copy(a)，此时列表 c 是列表 a 的浅复制。根据浅复制的定义，Python 在内存空间中会创建新的内存地址以保存元素 1～3 的指针，如内存地址 668 存储 002，内存地址 669 存储 998，内存地址 670 存储 741。由于 741 指向的元素[3,4]为可变对象，所以当某一个列表的该元素发生变化时，另一个列表的该元素也会发生变化。

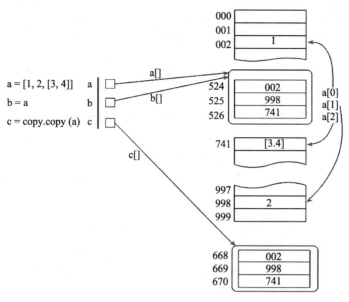

图 4-2 列表 "a = [1, 2, [3, 4]]" 的别名与浅复制

图 4-2 中地址为 741 的内存中列表[3,4]也应按照列表[1,2,[3,4]]的方式存储，而不是直接在 741 存储[3,4]。这里仅列出一个存储的示意。如果令列表 "d = copy.deepcopy(a)"，列表 d 是列表 a 的深复制。此时，Python 会为元素 a[2]额外创建内存空间来存储，这样 d[2]和 a[2]就会指向不同的内存地址。此时，无论怎样改变 d 的值都不会影响到 a 的值。

4.1.2 数组与数组的应用

数组是一种特殊的数据结构，它的主要功能是存储和处理大量相同数据类型的数据。在 Python 语言中人们通常用包含相同数据类型的列表表示数组这种结构。数组的使用方法大都与列表相同，此处将不一一赘述。下面主要介绍一维数组和二维数组的创建及其应用。

1. 数组的创建

与列表类似，在 Python 语言中，所有创建列表的方法都可以被用来创建数组。创建一维数组最简单的方法是在方括号中放置逗号分隔的字面量。例如，如下代码片段将创建一个包含 4 个字符串元素的数组 SUITS[ ]。

```
SUITS = ['Clubs', 'Diamonds', 'Hearts', 'Spades']
```

再如，如下代码片段将创建两个数组 x[]和 y[]，各包含 3 个浮点数元素。

```
x = [0.30, 0.60, 0.10]
y = [0.40, 0.10, 0.50]
```

在 Python 语言中，创建二维数组最简单的方法就是在方括号[]中包括以逗号分隔的一维数组。例如，下列二行三列的整数矩阵。

```
18 19 20
21 22 23
```

在 Python 中，可使用如下方式表示这一数组。

```
a = [[18, 19, 20], [21, 22, 23]]
```

上述数组被称为 2×3 数组，按惯例，第一维是行，第二维是列。Python 的 2×3 数组表示一个包含两个对象的数组，每个对象又分别为一个包含 3 个对象的数组。一般而言，Python 的 $m×n$ 数组表示一个包含 m 个对象的数组，每个对象又分别为一个包含 n 个对象的数组。例如，如下代码创建一个 $m×n$ 的浮点类型数组 a[]，数组的所有元素都将被初始化为 0.0。

```
a = []
for i in range(m):
    row = [0.0] * n
    a += [row]
```

2. 数组的索引

一维数组的索引和列表类似，此处不再进行说明。如果 a[][]是二维数组，则 a[i]将可以引用数组的第 i 索引行。例如，如果 a 为数组[[18, 19, 20], [21, 22, 23]]，则 a[1]为数组[21, 22, 23]。开发者也可具体引用二维数组的某个特定元素，例如，语法 a[i][j]引用二维数组 a[][]第 i 行第 j 列位置的元素对象，在上例中，a[1][0] 的结果为 21。嵌套 for 循环结构可遍历二维数组的所有元素，例如，如下代码输出 $m×n$ 数组 a[][]，每行输出数组的 1 行数据。

```
for i in range(m):
    for j in range(n):
        print(a[i][j], end=' ')
    print()
```

3. 数组实例

1）计算汉明距离

两个整数之间的"汉明距离"指的是两个数字对应的二进制位不同位置的数目和。如 1 和 4，1 可以用二进制表示为 001，而 4 可以表示为 100，那么这两个数的汉明距离就是 2（第一位和第三位均不同）。下面利用列表实现汉明距离的计算，代码如程序 4-1 所示。

程序 4-1 汉明距离（hamming.py）

```
num1 = int(input("请输入第一个十进制数："))
num2 = int(input("请输入第二个十进制数："))
a = ""
b = ""

# 转化为二进制数
while num1 > 0:
    a = str(num1 % 2) + a
    num1 = num1 // 2
while num2 > 0:
```

```
        b = str(num2 % 2) + b
        num2 = num2 // 2

# 将两个二进制数补齐
n = max(len(a), len(b))
a = a.zfill(n)
b = b.zfill(n)
print("第一个十进制数的二进制表示为：", a)
print("第二个十进制数的二进制表示为：", b)

dist_counter = 0
for n in range(len(a)):
    if a[n] != b[n]:
        dist_counter += 1
print(dist_counter)
```

以 num1 = 23，num2 = 45 为例，程序运行结果如下。

```
% python hamming.py
请输入第一个十进制数：23
请输入第二个十进制数：45
第一个十进制数的二进制表示为： 010111
第二个十进制数的二进制表示为： 101101
4
```

2）扑克牌模拟

扑克牌游戏是现实生活中的一种流行娱乐方式。考虑这样的一个场景，一个房间内共有 m 个人在用一副牌玩扑克牌游戏，那么如何分发扑克牌，才能保证公平公正呢？能否让计算机来模拟这个扑克牌的洗牌和摸牌的过程呢？下面描述整个分扑克牌的过程：首先，需要有一副牌；然后，将这副牌打乱；最后，m 个人围在一起，每人依次摸牌直到所有的牌被摸完。这里考虑使用数组来实现这三个过程：①买一副牌——让计算机生成一副扑克牌；②洗牌——让计算机对生成的扑克牌进行随机混排；③发牌——让计算机利用无放回抽样将牌分到不同的组中。

一副扑克牌共 54 张，考虑到其中 52 张分成四个花色，排序均从 2，3，4，…，Ace，故可以使用数组循环的方法生成一副牌，代码如下。

```
import random

SUITS = ['Clubs', 'Diamonds', 'Hearts', 'Spades']
RANKS = ['2', '3', '4', '5', '6', '7', '8', '9', '10', 'Jack', 'Queen',
         'King', 'Ace']

deck = []            # 定义一个空列表来存扑克牌
for rank in RANKS:
    for suit in SUITS:
        card = rank + ' of ' + suit
        deck += [card]
deck += ['joker']
deck += ['RedJoker']
```

```
print(deck)         #输出查看生成的扑克牌
```

程序运行情况如下。

```
% python poker.py
['2 of Clubs', '2 of Diamonds', '2 of Hearts', '2 of Spades', '3 of Clubs',
'3 of Diamonds', '3 of Hearts', '3 of Spades', '4 of Clubs', '4 of Diamonds',
'4 of Hearts', '4 of Spades', '5 of Clubs', '5 of Diamonds', '5 of Hearts',
'5 of Spades', '6 of Clubs', '6 of Diamonds', '6 of Hearts', '6 of Spades',
'7 of Clubs', '7 of Diamonds', '7 of Hearts', '7 of Spades', '8 of Clubs',
'8 of Diamonds', '8 of Hearts', '8 of Spades', '9 of Clubs', '9 of Diamonds',
'9 of Hearts', '9 of Spades', '10 of Clubs', '10 of Diamonds', '10 of
Hearts', '10 of Spades', 'Jack of Clubs', 'Jack of Diamonds', 'Jack of
Hearts', 'Jack of Spades', 'Queen of Clubs', 'Queen of Diamonds', 'Queen
of Hearts', 'Queen of Spades', 'King of Clubs', 'King of Diamonds', 'King
of Hearts', 'King of Spades', 'Ace of Clubs', 'Ace of Diamonds', 'Ace
of Hearts', 'Ace of Spades', 'joker', 'RedJoker']
```

在有了一副扑克牌后，就可以对生成的牌进行混洗。之后，*m* 个人轮流拿牌，直到将所有牌拿完。发牌过程可以理解为按次序对已知数组进行无放回抽样，直到数组为空。完整的模拟代码如程序 4-2 所示。

程序 4-2　扑克牌模拟问题（poker.py）

```python
import random
import sys

SUITS = ['Clubs', 'Diamonds', 'Hearts', 'Spades']
RANKS = ['2', '3', '4', '5', '6', '7', '8', '9', '10', 'Jack', 'Queen',
         'King', 'Ace']

deck = []
for rank in RANKS:
    for suit in SUITS:
        card = rank + ' of ' + suit
        deck += [card]
deck += ['joker']
deck += ['RedJoker']

n = len(deck)   # 下面利用交换来实现牌的混洗
for i in range(n):
    r = random.randrange(i, n)
    temp = deck[r]
    deck[r] = deck[i]
    deck[i] = temp
# 或使用 random.shuffle(deck)

# 接下来给 m 个玩家发牌
# name 是由 m 个空数组组成的，这 m 个空数组不能指向同一个对象
name = []
m = int(sys.argv[1])
for i in range(m):
    name += [[]]
```

```
# 下面是依次发牌，直到所有牌分完为止
while deck != []:
    for i in range(m):
        name[i] += [deck[0]]
        deck.pop(0)
        if deck == []:
            break
print(name)
```

以 *m*=4 为例，程序运行情况如下。

```
% python poker.py 4
[['Jack of Spades', '8 of Hearts', '6 of Hearts', '2 of Clubs', '3 of Diamonds',
'Queen of Spades', '5 of Hearts', '2 of Hearts', '10 of Spades', 'joker',
'4 of Spades', '5 of Clubs', 'Ace of Hearts', '4 of Diamonds'], ['Jack of
Diamonds', '3 of Hearts', '4 of Hearts', '8 of Diamonds', '3 of Spades', '2
of Diamonds', '9 of Diamonds', '9 of Hearts', 'Ace of Clubs', '3 of Clubs',
'6 of Spades', 'Jack of Hearts', '7 of Clubs', '4 of Clubs'], ['7 of Hearts',
'5 of Diamonds', '10 of Diamonds', '5 of Spades', 'King of Spades', '6 of
Clubs', '8 of Clubs', '7 of Diamonds', 'Queen of Clubs', 'Queen of Diamonds',
'King of Clubs', '6 of Diamonds', '9 of Spades'], ['8 of Spades', 'Queen of
Hearts', 'Jack of Clubs', '2 of Spades', 'King of Hearts', 'Ace of Spades',
'King of Diamonds', 'Ace of Diamonds', '10 of Hearts', 'RedJoker', '10 of
Clubs', '9 of Clubs', '7 of Spades']]
```

3）矩阵计算

在科学和工程计算中经常需要使用二维数组表示矩阵，然后使用矩阵实现各种数学运算。虽然这些处理一般使用专用程序和库函数实现，但读者还是有必要理解其内在的计算逻辑，这样才能更好地掌握数组及其操作。

例如，两个 $n×n$ 矩阵 a[] 和 b[] 的加法运算如下。

```
for i in range(n):
    for j in range(n):
        c[i][j] = a[i][j] + b[i][j]
```

实现矩阵的乘法运算必须理解其运算规则，读者可阅读如下 Python 代码，n 阶方阵的乘法与其数学定义基本一致。矩阵 a[][] 和矩阵 b[][] 乘积结果的元素 c[i][j] 定义为矩阵 a[][] 的第 i 行与矩阵 b[][] 的第 j 列的点积。请读者仔细阅读下面的代码，判断这个代码是否能够计算矩阵的乘法。

```
for i in range(n):
    for j in range(n):
        for k in range(n):
            c[i][j] += a[i][k] * b[k][j]
```

有时，人们需要计算两个矩阵的乘积，但是这两个矩阵不一定都是 n 阶的方阵。程序 4-3 给出了计算任意矩阵之间乘法的代码。

程序 4-3　矩阵相乘（**matrixMultiplication.py**）

```
import sys
```

```
n1 = int(sys.argv[1])    # 矩阵的行数
m1 = int(sys.argv[2])    # 矩阵的列数
n2 = int(sys.argv[3])    # 矩阵的行数
m2 = int(sys.argv[4])    # 矩阵的列数

a = []
for i in range(0, n1):
    a.append(list(map(int, input('请输入第{}行，用空格间隔: '.format(i)).
            split())))
print(a)

b = []
for i in range(0, n2):
    b.append(list(map(int, input('请输入第{}行，用空格间隔: '.format(i)).
            split())))
print(b)

# 判断矩阵是否能够相乘
if m1 != n2:
    print("矩阵无法相乘")
else:
result = []
for i in range(n1):
    row = []
    for j in range(m2):
        element = 0
        for k in range(m1):
            element += a[i][k] * b[k][j]
        row.append(element)
    result.append(row) # 输出结果
print("矩阵相乘的结果为: " + str(result))
```

输入一个 2×3 和 3×2 的矩阵，程序的运行情况如下。

```
% python matrixMultiplication.py 2 3 3 2
请输入第 0 行，用空格间隔: 1 1 1
请输入第 1 行，用空格间隔: 2 2 2
[[1, 1, 1], [2, 2, 2]]
请输入第 0 行，用空格间隔: 1 1
请输入第 1 行，用空格间隔: 2 2
请输入第 2 行，用空格间隔: 3 3
[[1, 1], [2, 2], [3, 3]]
矩阵相乘的结果为: [[6, 6], [12, 12]]
```

4）自回避随机行走

这个实例将实现本章引例中的"自回避随机行走"问题。程序需要使用一个二维布尔数组，该数组的每个元素表示一个交叉点。True 表示狗曾经到达过该交叉点；False 表示狗未到达过该交叉点。路径的起点为中心点，随机行走到下一个未到达的交叉点，直至进入死胡同，或者成功到达边缘。为了简单起见，代码实现的规则如下：如果随机选中的结果为已经走过的交叉口，则不采取任何行动，希望下一次随机选择会查找到一个新的地方（程序会测试死胡同，如果进入死胡同则终止循环，所以可保证正常运行）。

注意：此代码展示了一种重要的编程技术，即在 while 循环的语句体中使用测试非法语句作为循环终止条件。在本程序中，循环终止测试为循环结构中数组越界访问，对应测试狗是否成功逃出。

程序 4-4　自回避随机行走（selfavoid.py）

```python
import random  # 导入随机数模块
import sys

n = int(sys.argv[1])
trials = int(sys.argv[2])
deadEnds = 0
for t in range(trials):
    a = [[False for _ in range(n)] for _ in range(n)]
    x = n//2
    y = n//2
    while (x > 0) and (x < n-1) and (y > 0) and (y < n-1):
        a[x][y] = True
        if a[x-1][y] and a[x+1][y] and a[x][y-1] and a[x][y+1]:
            deadEnds += 1
            break
        r = random.randrange(1,5)
        if (r == 1) and (not a[x+1][y]): x += 1
        elif (r == 2) and (not a[x-1][y]): x -= 1
        elif (r == 3) and (not a[x][y+1]): y += 1
        elif (r == 4) and (not a[x][y-1]): y -= 1
print(str(100*deadEnds//trials) + '% dead ends')
```

程序接收两个整型数据的命令行参数 n 和 trials。程序执行 trials 次试验，每次试验为 $n \times n$ 网格的自回避随机行走，输出结果为遇到死胡同的百分比。可以尝试输入几组参数，结果如下。

```
% python selfavoid.py 5 100
0% dead ends
% python selfavoid.py 20 100
35% dead ends
```

4.2　元　　组

列表和元组是 Python 中两种重要的数据类型。列表中的数据可变，而元组中的数据不可变。二者都可以作为存储数据的集合，只不过它们的应用场景不同。元组与列表的很多函数和使用方法都相似，不同之处在于元组的元素不能被修改。在数据存储过程中，如果不打算修改数据的内容，则往往使用元组代替列表进行数据的存储。

1. 元组的创建

元组使用小括号创建，只需要在括号中添加元素，并使用逗号隔开即可。例如，下面的代码示例展示了不同元组的创建。

```
tup1 = ('Google', 'Facebook', 1997, 2000)
tup2 = (1, 2, 3, 4, 5)
tup3 = 'a', 'b', 'c', 'd'      # 不需要括号也可以
print(type(tup3))
```

元组中只包含一个元素时，需要在元素后面添加逗号，否则括号会被当作运算符使用，如下所示。

```
tup1 = (50)
print(type(tup1))        # 不加逗号，类型为整型
tup2 = (50,)
print(type(tup2))        # 加上逗号，类型为元组
```

输出结果如下。

```
<class 'int'>
<class 'tuple'>
```

2. 元组的访问

元组和列表一样可以使用下标索引访问其中的值，与字符串类似，下标索引从 0 开始，支持截取、组合等，如下所示。

```
tup1 = ('Google', 'Facebook', 1997, 2000)
tup2 = (1, 2, 3, 4, 5, 6, 7)
print('tup1[0]: ', tup1[0])
print('tup2[1:5]: ', tup2[1:5])
```

输出结果如下。

```
tup1[0]:  Google
tup2[1:5]:  (2, 3, 4, 5)
```

元组中的元素值是不允许被修改的，但其支持连接组合功能，如下所示。

```
tup1 = (12, 34.56)
tup2 = ('abc', 'xyz')
tup1[0] = 100              # 修改元组元素操作是非法的
tup3 = tup1 + tup2        # 创建一个新的元组
print(tup3)
```

输出结果如下。

```
(12, 34.56, 'abc', 'xyz')
```

元组中的元素值是不允许删除的，但使用 del 语句可以删除整个元组，如下所示。

```
tup = ('Google', 'Facebook', 1997, 2000)
del tup
print('删除后的元组 tup : ')
```

```
print(tup)
```

输出结果如下。

```
删除后的元组 tup :
Traceback (most recent call last):
  File "D:\python\main.py", line 5, in <module>
    print(tup)
NameError: name 'tup' is not defined
```

3. 元组运算符

与字符串一样，元组之间可以使用"+"和"*"运算。这就意味着它们可以组合和复制，运算后会生成一个新的元组，如表 4-5 所示。

表 4-5　元组运算符

表达式	结果	描述
len((1, 2, 3))	3	计算元素个数
(1, 2, 3) + (4, 5, 6)	(1, 2, 3, 4, 5, 6)	连接
('Hi!',) * 4	('Hi!', 'Hi!', 'Hi!', 'Hi!')	复制
3 in (1, 2, 3)	True	元素是否存在
for x in (1, 2, 3): 　　print(x, end = ' ')	1 2 3	迭代

4. 元组内置函数

和列表类似，Python 元组包含了一些内置函数，元组的内置函数提供了计算元组中元素个数和最大最小值的方法，如表 4-6 所示。

表 4-6　元组内置函数

函数	描述
len(tuple)	计算元组元素的个数
max(tuple)	返回元组中元素的最大值
min(tuple)	返回元组中元素的最小值

5. 元组的装包与拆包

Python 中，元组的装包拆包是自动的，不需要任何函数，如下所示。

```
a = 1, 2, 3
# 它其实等价于下面的代码
a = (1, 2, 3)
# 等号左边只有 1 个变量，等号右边有 3 个值，因此它们将被自动装包成为一个元组
a, b, c = (1, 2, 3)
# 自动拆包，得到 a = 1, b = 2, c = 3
```

因此，在 python 中两变量值的交换可以这样完成。

```
a = 1
b = 2
a, b = b, a
print(a)
```

拆包的另一个场景就是遍历元组和列表组成的序列，如下所示。

```
seq = [(1, 2, 3), (4, 5, 6), (7, 8, 9)]
for a, b, c in seq:
    print('a = {0}, b = {1}, c = {2}'. format(a, b, c))
```

输出结果如下。

```
a = 1, b = 2, c = 3
a = 4, b = 5, c = 6
a = 7, b = 8, c = 9
```

下面来看一个关于学生成绩的元组应用实例，该实例使用了元组的内置函数，列表的方法等。在该实例中，读者可以体会到列表与元组结合使用的场景。

程序 4-5　学生成绩（scores.py）

```
# 定义一个元组，表示不同学生的成绩
scores = (78, 92, 85, 88, 95)
# 打印成绩大于或等于 90 的学生数量
count = 0
for score in scores:
    if score >= 90:
        count += 1
print(f'成绩大于或等于 90 的学生数量：{count}')
# 计算所有学生的平均成绩
avg_score = sum(scores) / len(scores)
print(f'所有学生的平均成绩：{avg_score:.2f}')
# 找出最高和最低成绩
max_score = max(scores)
min_score = min(scores)
print(f'最高成绩：{max_score}')
print(f'最低成绩：{min_score}')
# 对成绩进行排序
sorted_scores = sorted(scores,reverse=False)
print(f'排序后的成绩列表：{sorted_scores}')
# 找出成绩大于或等于 90 的学生的索引
indices = []
for index, score in enumerate(scores):
    if score >= 90:
        indices.append(index)
indices = tuple(indices)
print(f'成绩大于或等于 90 的学生的索引：{indices}')
```

程序运行情况如下。

```
% python scores.py
```

```
成绩大于或等于 90 的学生数量: 2
所有学生的平均成绩: 87.60
最高成绩: 95
最低成绩: 78
排序后的成绩列表: [78, 85, 88, 92, 95]
成绩大于或等于 90 的学生的索引: (1, 4)
```

4.3 字　　典

字典是另一种可变数据类型,其可存储任意类型对象,如字符串、数字、元组等。字典是无序的,所以它不支持索引和切片。

1. 字典创建

在 Python 中,字典用放在花括号{}中的一系列键值对表示,字典的一般格式如下。

```
字典名 = {key1: value1, key2: value2, key3: value3 }
```

字典元素以键值对形式存在 "key(键值): values(实值)",键与值之间用冒号:分隔。键值对是两个相关联的值,指定键时,Python 将返回与之相关联的值。开发者不仅可以使用{}创建字典,还可以使用内建函数 dict()创建字典。

一个简单的字典创建实例如下。

```
emptyDict = {}                      # 创建空字典
print(emptyDict)                    # 打印字典
print("Length:", len(emptyDict))    # 查看字典元素个数
print(type(emptyDict))              # 查看类型
```

输出结果如下。

```
{}
Length: 0
<class 'dict'>
```

2. 字典键的特性

字典值可以是任何的 Python 对象,既可以是标准的对象,也可以是由用户定义的自定义对象,但字典的键则受到许多限制。

(1)同一个键不允许出现两次。创建时如果同一个键被赋值两次,则后一个值会覆盖前一个值,如下所示。

```
moviedict = {'Name': 'Peter-Parker', 'Age': 18, 'Name': 'Spider-Man'}
print("moviedict ['Name']: ", moviedict ['Name'])
```

以上实例输出结果如下。

```
moviedict ['Name']: Spider-Man
```

（2）键必须不可变，所以可以用数字、字符串或元组充当，而用数组就不行，如下实例。

```
moviedict = {['Name']: 'Spider-Man', 'Age': 18}
print("moviedict ['Name']: ", moviedict [['Name']])
```

以上实例输出结果如下。

```
Traceback (most recent call last):
  File "D:\python\main.py", line 1, in <module>
    moviedict = {['Name']: 'Spider-Man', 'Age': 18}
TypeError: unhashable type: 'list'
```

3. 访问字典值

对字典值进行访问时需把相应的键放入到方括号中，如下实例。

```
moviedict = {'Name': 'Spider-Man', 'Age': 18, 'Class': 'First'}
print("moviedict['Name']: ", moviedict['Name'])
print("moviedict['Age']: ", moviedict['Age'])
```

输出结果如下。

```
moviedict['Name']:  Spider-Man
moviedict['Age']:  18
```

注意，如果用字典里没有的键访问数据，则输出错误将如下。

```
moviedict = {'Name': 'Spider-Man', 'Age': 18, 'Class': 'First'}
print("moviedict['Alice']: ", moviedict['Alice'])
```

输出结果如下。

```
Traceback (most recent call last):
  File "D:\python\main.py", line 2, in <module>
    print("moviedict['Alice']: ", moviedict['Alice'])
KeyError: 'Alice'
```

4. 修改字典

向字典添加新内容的方法是增加新的键/值对，而修改或删除已有键/值对则如下实例。

```
moviedict = {'Name': 'Spider-Man', 'Age': 18, 'Class': 'First'}
moviedict['Age'] = 20                    # 更新 Age
moviedict['School'] = "山东师范大学"      # 添加信息
print("moviedict['Age']: ", moviedict['Age'])
print("moviedict['School']: ", moviedict['School'])
```

输出结果如下。

```
moviedict['Age']:  20
moviedict['School']:  山东师范大学
```

可以单一地删除字典元素，也可以清空字典，显式地删除一个字典时可以使用 del 命令。

```
moviedict = {'Name': 'Spider-Man', 'Age': 18, 'Class': 'First'}
del moviedict['Name']        # 删除键 'Name'
moviedict.clear()            # 清空字典
del moviedict                # 删除字典
print("moviedict['Age']: ", moviedict['Age'])
print("moviedict['School']: ", moviedict['School'])
```

但这会引发一个异常，因为执行 del 操作后字典将不再存在。

```
Traceback (most recent call last):
  File "D:\python\main.py", line 5, in <module>
    print("moviedict['Age']: ", moviedict['Age'])
NameError: name 'moviedict' is not defined
```

5. 字典内置函数与方法

Python 字典包含了一些内置函数，如计算字典中键的个数，以字符串的形式输出字典等，如表 4-7 所示。

表 4-7　字典的内置函数

函数	代码实现	输出结果
len(dict)：计算字典元素个数，即键的总数	moviedict = {'Name': 'Spider-Man', 'Age': 18} print(len(moviedict))	2
str(dict)：输出字典，可以打印的字符串表示	moviedict = {'Name': 'Spider-Man', 'Age': 18} print(str(moviedict))	{'Name': 'Spider-Man', 'Age': 18}
type(variable)：返回输入的变量类型，如果变量是字典就返回字典类型	moviedict = {'Name': 'Spider-Man', 'Age': 18} print(str(moviedict))	<class 'dict'>

Python 字典包含了许多方法，其中包括判断某个键或值是否在字典中、遍历字典中的键值对、删除字典中的键值对等，如表 4-8 所示。

表 4-8　字典的方法

方法	描述
dict.clear()	删除字典内所有元素
dict.copy()	返回一个字典的浅复制
dict.fromkeys(seq,val=None)	创建一个新字典，以序列 seq 中的元素做字典的键，val 为字典所有键对应的初始值（默认为 None）
dict.get(key, default=None)	返回指定键的值，如果键不在字典中返回 default 设置的默认值
key in dict	如果键在字典 dict 里则返回 True，否则返回 False
dict.items()	以列表返回可遍历的元组（键值对）数组
dict.keys()	字典中的所有键组成了一个可迭代序列

方法	描述
dict.setdefault(key, default=None)	和 get()类似，但如果键不存在于字典中，将会添加键并将值设为 default
dict.update(dict2)	把字典 dict2 的键/值对更新到 dict 里
dict.values()	字典中的所有键对应的值组成了一个可迭代序列
pop(key[,default])	删除字典 key（键）所对应的值，返回被删除的值
popitem()	返回并删除字典中的最后一对键和值
zip()	zip()可以将两个或多个序列中的元素按位置打包成元组，然后返回这些元组组成的可迭代对象；在生成字典的过程中 zip()需要与 dict()结合使用

表 4-9 展示了几个重要的字典方法与函数的简例，包括 items()方法、dict.keys()方法、dict.values()方法与 zip()函数，通过这些方法与函数能更深一步地了解字典的特征。

表 4-9　字典方法与函数的简例

代码功能	代码片段
以列表的形式返回可遍历的元组（键值对）	dict1.items()
返回字典 dict1 中键的可迭代序列	dict1.keys()
返回字典 dict1 中值的可迭代序列	dict1.values()
将 keys1 和 values1 两个列表中的元素按位置打包成元组，然后返回这些元组组成的可迭代对象，再将这个可迭代对象转换成字典	key1 = ['Name','Age','School'] value1 = ['Zara',7,'SDNU'] dict1 = dict(zip(key1,value1))

下面看一个关于水果单价的字典应用实例，该实例使用了 items()方法与字典中键值对的存储功能，展现出了键值对一一对应的特性，通过此实例可以学习字典的方法。

程序 4-6　水果单价（fruit_price.py）

```python
# 创建一个字典，用于存储水果的种类和对应的单价
fruits = {'Apple': 5, 'Banana': 9, 'Pear': 6, 'Peach': 7, 'Watermelon':
    4}
# 打印水果的种类和单价
for kind, price in fruits.items():
    print(f'{kind}的单价是{price}元/千克')
# 找出单价最高的水果
max_price = max(fruits.values())
top_fruits = []
for kind, price in fruits.items():
    if price == max_price:
        top_fruits.append(kind)
#s.join(可迭代对象):将一个包含多个字符串的可迭代对象转换为分隔符(,)连接的字符串
print(f"单价最高的水果是{', '.join(top_fruits)}")
# 找出单价低于 6 元/千克的水果
cheap_fruits = {}
for kind, price in fruits.items():
    if price < 6:
```

```
        cheap_fruits[kind] = price
print(f"单价小于 6 元/千克的水果有{', '.join(cheap_fruits.keys())}")
# 更新水果的单价
fruits['Banana'] = 10
fruits['Pear'] = 5
# 添加新的水果及其单价
fruits['Pineapple'] = 12
fruits['Mango'] = 15
# 删除单价低于 6 元/千克的水果
updated_fruits = {}
for kind, price in fruits.items():
    if price >= 6:
        updated_fruits[kind] = price
fruits = updated_fruits
# 打印更新后的水果信息
for kind, price in fruits.items():
    print(f'{kind}的单价是{price}元/千克')
```

程序的运行情况如下。

```
%python fruit_price.py
Apple 的单价是 5 元/千克
Banana 的单价是 9 元/千克
Pear 的单价是 6 元/千克
Peach 的单价是 7 元/千克
Watermelon 的单价是 4 元/千克
单价最高的水果是 Banana
单价小于 6 元/千克的水果有 Apple, Watermelon
Banana 的单价是 10 元/千克
Peach 的单价是 7 元/千克
Pineapple 的单价是 12 元/千克
Mango 的单价是 15 元/千克
```

4.4　集　　合

集合是一种无序且元素唯一的容器，它和字典类似，但是只有键没有值。集合的元素只能是不变对象，而且必须能做相等比较（用 == 运算符），内置的数值类型、字符串、bool 对象，以及他们的元组等都满足这些要求。集合元素对象具有唯一性，集合中不会出现重复元素，元素之间也没有顺序关系。集合一般被用于元组或者数组中的元素去重。

1. 集合创建

集合有两种创建方式，需要通过 set 函数或字面值集与大括号的语法实现。

```
变量名=set(元素，元素)
变量名={元素，元素...}
```

2. 元素添加

add()方法可以将元素添加到集合中，如果元素已经存在则该方法不会进行任何操作。update()方法也可以添加元素，而且其参数可以是数组、元组、字典等，实例如下。

```
s = {'a', 'b', 'c'}
s.add('d')
print(s)
s.update('e')
print(s)
s.update([1, 2])
print(s)
```

输出结果如下。

```
{'d', 'a', 'b', 'c'}
{'c', 'e', 'd', 'b', 'a'}
{1, 2, 'c', 'e', 'd', 'b', 'a'}
```

3. 元素移除

（1）使用 remove()方法可以从集合中移除元素，如果移除前集合中本身并没有这个元素则会报错。

（2）使用 discard()方法可以移除集合中的元素，但即使元素不存在也不会发生错误。

（3）使用 pop()方法可以随机删除集合中的一个元素。

4. 集合常用操作

集合支持数学上的集合操作，如并集、交集、差集、对称集等，表 4-10 包含集合的一些常用方法。

表 4-10　集合的一些常用方法

函数	替代方法	描述
a.add(x)		将元素 x 加入集合 a
a.clear()		将集合重置为空，清空所有元素
a.remove(x)		从集合 a 移除某个元素
a.pop()		移除任意元素，如果为空则抛出 KeyError
a.union(b)	a|b	a 和 b 中所有不同元素
a.update(b)	a|=b	将 a 设为 a 和 b 的并集
a.intersection(b)	a&b	a 和 b 同时包含的元素
a.intersection_update(b)	a&=b	将 a 设为 a 和 b 的交集
a.difference(b)	a-b	属于 a 不属于 b 的元素
a.difference_update(b)	a-=b	将 a 设为属于 a 不属于 b 的元素
a.symmetric_difference(b)	a^b	所有属于 a 或 b，但不同时属于 a 和 b 的元素
a.symmetric_difference_update(b)	a^=b	将 a 设为所有属于 a 或 b，但不同时属于 a 和 b 的元素
a.issubset(b)		如果 a 包含于 b 返回 True
a.issuperset(b)		如果 a 包含 b 返回 True
a.isdisjoint(b)		如果 a 和 b 没有交集返回 True

表 4-11 展示了集合的并集、交集、差集的运算。

表 4-11 集合的并集、交集、差集的运算

代码实现	输出结果

# 并集运算 	
gather_1 = {1,2,3,4,5,6,7,8,9}
gather_2 = {1,2,3,5,9}
print(gather_1 | gather_2)
	{1, 2, 3, 4, 5, 6, 7, 8, 9}

# 交集运算 	
gather_1 = {1,2,3,4,5,6,7,8,9}
gather_2 = {1,2,3,5,9}
print(gather_1 & gather_2)
	{1, 2, 3, 5, 9}

# 差集运算 	
gather_1 = {1,2,3,4,5,6,7,8,9}
gather_2 = {1,2,3,5,9}
print(gather_1 - gather_2)
	{8, 4, 6, 7}

下面看一个关于学生名单的集合应用实例，这个例子应用了集合元素的添加和删除功能。

程序 4-7 学生名单（name_list.py）

```python
# 创建两个集合，分别表示两个班级的学生
class1_students = {'Alice', 'Bob', 'Charlie', 'David', 'Eve'}
class2_students = {'Bob', 'David', 'Frank', 'Grace', 'Helen'}
# 输出每个班级的学生人数
print(f'班级 1 的学生人数：{len(class1_students)}')
print(f'班级 2 的学生人数：{len(class2_students)}')
# 输出两个班级的共同学生
common_students = class1_students.intersection(class2_students)
print(f"两个班级的共同学生：{', '.join(common_students)} ")
# 输出只在班级 1 中出现的学生
class1_only_students = class1_students.difference(class2_students)
print(f"只在班级 1 中出现的学生：{', '.join(class1_only_students)} ")
# 输出只在班级 2 中出现的学生
class2_only_students = class2_students.difference(class1_students)
print(f"只在班级 2 中出现的学生：{', '.join(class2_only_students)} ")
# 输出两个班级的所有学生
all_students = class1_students.union(class2_students)
print(f"两个班级的所有学生：{', '.join(all_students)} ")
# 添加一个新的学生到班级 1
class1_students.add('Ivy')
# 从班级 2 中删除一个学生
class2_students.remove('Frank')
# 输出更新后的班级 1 学生名单
print(f"班级 1 的学生名单：{', '.join(class1_students)} ")
# 输出更新后的班级 2 学生名单
print(f"班级 2 的学生名单：{', '.join(class2_students)} ")
```

程序的运行情况如下。

```
% python name_list.py
班级 1 的学生人数：5
班级 2 的学生人数：5
两个班级的共同学生：David, Bob
只在班级 1 中出现的学生：Charlie, Eve, Alice
只在班级 2 中出现的学生：Frank, Grace, Helen
两个班级的所有学生：Alice, Eve, Grace, Charlie, Frank, Bob, David, Helen
班级 1 的学生名单：Charlie, Bob, David, Eve, Alice, Ivy
班级 2 的学生名单：Bob, David, Grace, Helen
```

4.5　小　　结

1. Python 内置的四种集合式数据类型

Python 编程语言中有四种集合式数据类型。

（1）列表(list)：是一种有序和可更改的集合，用"[]"表示。列表允许存储重复的成员，不要求元素是相同的数据类型，如果列表的元素都是相同的数据类型，则可以表示数组这种数据结构。

（2）元组(tuple)：是一种有序且不可更改的集合。元组用"()"表示，允许存储重复成员，在不要求对元素进行修改的情况下，元组有比列表更快的访问效率。

（3）字典(dictionary)：是一个无序、可变的集合。字典存储键值对数据，最外面用大括号"{}"包裹，每一组键值对用冒号连起来，然后各组用逗号隔开。如"{key1: value1, key2: value2}"。字典中不允许存储相同的键。不同于列表和元组采用下标进行访问，字典通过键进行访问，使用字典可以使很多问题变得很简单。

（4）集合(set)：是一种无序和无索引的集合，一般情况下可以用"变量名=set(元素，元素)"创建集合，集合中没有重复的成员，支持进行并集、交集、差集等操作。

2. 列表与元组关于索引与切片的注意事项

列表和元组的索引下标是从 0 而不是从 1 开始，其中元素的地址为列表/元组的起始地址与索引值之和。如果索引坐标从 1 开始，则会浪费列表/元组第一个位置的空间，或者计算元素的地址时需要减 1，从而浪费地址计算时间。下文以列表为例简单地讲解一下索引与切片的注意事项。

给定列表 a[]，索引下标为-i，等同于"len(a) - i"。例如，可使用 a[−1]或 a[len(a)−1]访问列表 a[]的最后一个元素；可使用 a[-len(a)]或 a[0]访问列表 a[]的第一个元素。如果索引下标超出范围"-len(a)"到"len(a)-1"，则 Python 在运行时会抛出 IndexError 错误。

在切片时读者可能会有疑问，为什么切片 a[i:j]包括 a[i]但是不包括 a[j]？

细心的读者会发现，切片的定义与函数 range()的定义一致，包含左边界但不包括右边界。这种定义方式导致了一些吸引人的特性："j–i"是切片结果子列表的长度（假设没有被截断）；a[0:len(a)]的结构为整个列表；a[i:i]的结构为空列表；"a[i:j] + a[j:k]"的结果等同于子列表 a[i:k]。

3. 使用四种集合数据类型时的常见问题

在本章中，初学者们常见的问题如下。

（1）如果在分析数据时面对的数据为同一数据类型，则通常可以选择使用数组这一数据结构进行分析。

（2）若想创建一个数据类型以保存数据，则首先要明确数据保存后是否需要修改，如果保存数据后不需要修改，那么就可以优先使用元组数据类型。

（3）元组中只包含一个元素时，需要在元素后面添加逗号，否则括号会被当作运算符使用。

（4）在字典中，同一个键不允许出现两次。创建字典时如果同一个键被赋值两次，后一个值会覆盖前一个值。键必须不可变，所以可以用数字，字符串或元组等不可变数据类型充当，而用数组不行。

（5）一定要明确区分互为别名、浅复制、深复制的区别。在列表复制时要关注第二个列表是指向了同一个地址，还是列表的元素指向了同一个地址，抑或是所有内部的可变数据对象都指向了不同的地址。

4.6 习　　题

1. 请编写程序，实现这些功能：给定两个长度为 n 的向量（使用一维数组表示），计算两个向量之间的欧几里得距离（Euclidean distance，两个向量对应元素差的平方和的平方根）。

2. 输入字符串 msg = "Hello, World! "，切片获得"ello"。

3. 请编写程序，将一个一维浮点数数组的元素倒排序。要求：不许创建新的数组来存储结果。

4. 编写程序，输入一个包含若干整数的列表，输出这些整数的乘积。例如，输入[–2, 3, 4]，输出–24。

5. 给定两个数组（用数组表示向量），求向量的点积。例如，若"a = [1, 3, 5] "，"b = [2, 4, 6] "，则两个向量的点积为"c = 1 * 2 + 3 * 4 + 5 * 6"。

6. 随机生成 1 到 100 之间的不相同的 10 个数，将之存入列表，交换列表中最大值和最小值。

7. 创建一个随机的数组，输出数组中的最大值、最小值和平均值。

8. 删除数组里的重复元素。

9. 统计列表中不同元素的个数。

10. 计算列表中间元素的值（当列表中元素个数为偶数时，计算中间两个数的平均数）。

11. 编写程序，输入一个包含若干实数的列表，输出其中绝对值最大的实数。例如，输入[-8, 64, 3.5, -89]，输出-89。

12. 随机生成一个[1, 200]的数组，使用无放回抽样选取其中 10 个。

13. 给定一个列表 a，判断列表 a 中是否存在两个数，满足其和等于给定值 x。例如，"a = [1, 2, 3, 4, 5]"，给定值"x = 7"可由列表中的两个数"a[1] = 2"和" a[4] = 5"求和得到。

14. 扫雷游戏(Minesweeper)。请编写程序，实现这些功能：程序带三个命令行参数 m、n 和 p。创建一个 m×n 布尔数组，各元素的占用概率为 p。在扫雷游戏中，占用状态的单元格代表地雷，空单元格代表安全单元格。输出数组，使用星号(*)表示地雷，使用英文句点(.)表示安全单元格。然后，替换安全单元格的内容为邻居单元格中包含的地雷数量(上、下、左、右或对角线)，并输出结果。例如，原始数组和变换后的结果数组如下所示（通过使用 (m+2) × (n+ 2)布尔数组可尽量减少要处理的特殊情况个数）。

```
* * . . .            * * 1 0 0
. . . . .            3 3 2 0 0
. * . . .            1 * 1 0 0
```
(a) 原始数组   (b) 结果数组

15. 重复值查找(Find a duplicate)。给定一个包含 n 个元素的数组，元素值位于 1 到 n 之间。请编写程序判断数组的元素值是否存在重复。要求：不使用其他数组，但可改变已知数组的内容。

16. 请编写程序 deal.py，实现这些功能：程序带一个命令行参数 n，从混排的一副牌中抽取并输出 n 手牌(每手牌 5 张)，以空行分隔。

17. 随机生成一个[1, 200]内的 10 个数的数组，按相反的顺序输出数组的值。

18. 回文是很有意思的文字游戏，如 Fall leaves as soon as leaves fall。不仅英语有，汉语也有，例如，苏轼就写过《题金山寺回文本》如下。

潮随暗浪雪山倾，远浦渔舟钓月明。

桥对寺门松径小，槛当泉眼石波清。

迢迢绿树江天晓，霭霭红霞晚日晴。

遥望四边云接水，雪峰千点数鸥轻。

轻鸥数点千峰雪，水接云边四望遥。

晴日晚霞红霭霭，晓天江树绿迢迢。

清波石眼泉当槛，小径松门寺对桥。

明月钓舟渔浦远，倾山雪浪暗随潮。

请通过网络搜集回文词汇或句子，然后用 Python 检验它们是否为回文。

19. 假设有字典{"lang": "python", "number": 100}，在交互模式中进行操作，实现如下效果。

（1）得到键 lang 的值。

（2）得到值 100 的键。

（3）得到字典中键/值对的数量。

（4）为字典增加一个键/值对。

（5）删除字典中的一个键/值对。

（6）修改一个键/值对的值。

（7）判断 city 是否为字典中的键。

20. 在密码学中，恺撒密码（Caesar cipher）是一种简单且广为人知的加密技术。它是一种替换加密的技术，将明文中的所有字母都在字母表上向后（或向前）按照一个固定数目进行偏移后替换成密文。例如，当偏移量是 3 的时候，所有的字母 A 将被替换成 D，B 将变成 E，以此类推。这个加密方法是以罗马共和时期恺撒的名字命名的，当年恺撒曾用此方法与其将军们进行联系。根据这些知识，请编写一段程序，实现用户输入加密的字符串和偏移量，之后显示加密后的密文。

21. 对于数组"list = [1, 2, 3, 4, 5]"，将其中的偶数剔除，得到只有奇数的数组。

22. 初始化下面二维数组，计算该二维数组各行和各列的平均值，分别存到原数组最右列和最下行。然后，求二维数组的最大值并输出。

32	53	62
8	71	45
35	252	21

23. 将嵌套数组[[1, 2, 3, 4], [5, 6, 7, 8], [9, 10, 11, 12]]写成类似矩阵的形式，如下所示。

```
1,    2,    3,    4,
5,    6,    7,    8,
9,    10,   11,   12
```

然后删除第 2 列，即把 2、6、10 三个数字删除。

24. 计算下面矩阵乘法的结果。

1	2	3
4	5	6
7	8	9

×

2	4	6
8	10	12
14	16	18

=

?	?	?
?	?	?
?	?	?

25. 创建一个 4×4 的数组，输出其四个角的元素到一维数组中（列优先）。

26. 给定一个整数 n，输出一个杨辉三角形，要求每列左对齐。

即测即练

自学自测　扫描此码

## 第5章

函　数

 引言

本章主要讨论程序设计中的一种重要结构：函数（function）。函数的重要意义在于可以在程序中清晰地分离不同的任务，并且还可以为代码复用提供一个通用的机制。定义和使用函数是 Python 程序设计的重要组成部分。在计算任务中，任何时候只要可以清晰地分离任务就建议使用函数分离任务。将大任务分离成多个小任务将会大大方便代码的调试、维护和重用，这些都是程序开发的关键。这个程序设计理念非常重要，需要贯穿于 Python 学习的整个过程。

 课程素养

函数的设计和实现使用的是化繁为简，分而治之的思想。在进行项目时，可以通过组织管理和合作统筹的方法提高效率，树立科学管理、合理调度的基本理念。

 思政案例

汉诺塔游戏

汉诺塔益智游戏是一个非常经典的函数递归应用，其主体思想是把一个大型复杂问题层层转化为一个比原问题规模更小的问题，问题被拆解成子问题后，递归调用继续进行，直到子问题无须进一步递归就可以解决为止。使用函数递归调用的思想，理论指导实践，实践检测理论，理论与实践紧密结合。

 教学目标

讨论函数的调用、自定义和使用函数分离任务，主要目标是：①掌握 Python 编程过程中函数的调用方法；②掌握 Python 函数的自定义方法和自定义函数的基本用法；③掌握如何使用函数分离编程任务，进而对 Python 程序设计进行优化；④理解并掌握 Python 中函数的自身调用，即递归。

 知识要点

本章所有程序一览表

程序名称	功能描述
程序 5-1 (harm.py)	计算调和数
程序 5-2 (gauss.py)	正态分布函数

程序名称	功能描述
程序 5-3（blind.py）	盲盒收集模拟
程序 5-4（blind2.py）	盲盒收集模拟改进版
程序 5-5（euclid.py）	求两个正整数的最大公约数
程序 5-6（hanoi.py）	汉诺塔问题

 小节引例

某人非常喜欢某一个盲盒系列产品，这个盲盒系列一共有 13 个玩具，其中有 1 个属于隐藏款（出现的概率远低于普通版）。那么如果想要自己集齐这个系列的盲盒玩具，某人需要购买多少个盲盒呢？

5.1　函数的定义

在数学上，函数定义为从定义域到值域的映射。例如，平方函数将 2 映射到 4，将 3 映射到 9。事实上可以这样理解函数 $y = f(x)$：函数实现这样的一个功能，给定一个输入 x，在函数 $f(x)$ 的作用机制下将获得一个输出 y。Python 程序中的函数具有类似的功能，给定输入（一个或几个参数），然后可以获得一个输出的结果。Python 中函数的语法构造和数学中函数的概念类似但是并不完全一致，二者的对应关系如表 5-1 所示。

表 5-1　数学中函数的概念和 Python 中函数的语法构造的对应关系

数学中函数的概念	Python 中函数的语法构造	功能描述
函数	函数	映射
输入值	实际参数	函数的输入
输出值	返回值	函数的输出
公式	函数体	函数定义
独立变量	形式参数变量	输入值的符号占位符

在 Python 程序中，可以使用 def 语句定义函数。def 语句用来指定函数签名，随后跟着构成函数体的一系列语句。下面将通过一个简单示例阐述函数的定义过程：这是一个自定义名为 harm() 的函数，函数带一个输入参数 n，实现计算第 n 阶调和数的功能（输出）。

函数定义的第 1 行被称为函数签名（signature），用于指定函数名称（function name）及函数的每个形式参数变量名称。函数签名包括关键字 def、函数名、一系列包括在括号中的零个或多个形式参数变量名、一个英文冒号，其中括号中的形式参数变量由逗号分隔。紧跟函数签名后的缩进代码定义了函数体（function body）。函数体可包含前面章节讨论的所有类型的语句。函数体末尾还可以包含一条 return 语句，用于将控制权返回到程序的调用点，并返回计算的结果，即返回值（return value）。函数体还可定义局部变量（local variable），局部变量仅在其定义的函数中可用。典型的自定义函数的剖析图如图 5-1 所示。

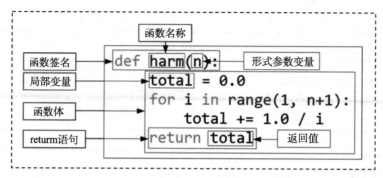

图 5-1   典型的自定义函数的剖析图

定义函数的目的是在代码中使用它。一个 Python 程序通常包含了三个部分的代码内容。

（1）一系列 import 语句。

（2）一系列自定义函数。

（3）程序的主体，也被称为全局代码。

在定义好一个函数后，就可以在全局代码中使用它。如程序 5-1 所示，该程序可以从命令行中提取所有输入的参数 n（任意多个），并计算这些输入参数的 n 阶调和数。程序 5-1 包含 1 个 import 语句、1 个函数定义、4 行全局代码。在命令行中键入 python harm.py 1 2 4 10 100 并按回车键调用执行程序时，Python 开始执行全局代码，在全局代码中调用自定义的函数 harm() 分别计算 n 为 1, 2, 4, 10, 100 时的调和数，并输出这些调和数。

程序 5-1   调用自定义调和函数 (harm.py)

```
import sys
def harm(n):
    total = 0.0
    for i in range(1, n+1):
        total += 1.0/i
    return total

for i in range(1, len(sys.argv)):
    k = int(sys.argv[i])
    result = harm(k)
    print(result)
```

程序 5-1 向标准输出写入命令行参数指定的调和数。该程序定义了一个函数 harm(n)，根据给定的整型参数 n 调用函数计算第 n 阶调和数：$1 + 1/2 + 1/3 + \cdots + 1/n$。程序 5-1 的运行过程和结果如下。

```
% python harm.py 1 2 4 10 100
1.0
1.5
2.083333333333333
2.9289682539682538
5.187377517639621
```

程序 5-1 清晰地把程序的两个主要任务分开：计算调和数、与用户交互。再次强调，在计算任务中，任何时候只要可以清晰地分离任务就应该使用函数分离任务。

5.2 函数定义的一些说明

1. 函数调用

Python 函数调用时，需要书写函数名并在后紧跟被包裹在括号中的实际参数。Python 函数的调用方法与数学函数调用方法完全一致。这里的实际参数可以是变量名，也可以是表达式（表达式求值后其计算结果值可以作为输入值传递给函数）。当函数调用结束后，返回值会代替函数调用，函数调用效果（返回值）等同于一个变量的值（可能包含在表达式中）。函数调用的剖析图如图 5-2 所示。

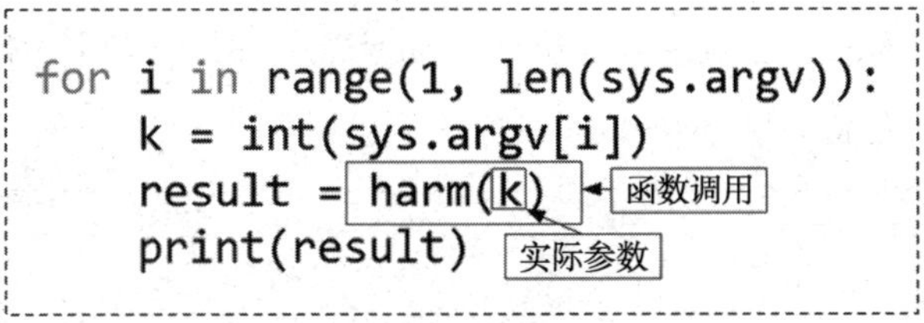

```
for i in range(1, len(sys.argv)):
    k = int(sys.argv[i])
    result = harm(k)        函数调用
    print(result)   实际参数
```

图 5-2　函数调用的剖析图

2. 多个参数

一个 Python 函数可包含 1 个以上的形式参数变量，所以其支持多个实际参数调用。函数签名以逗号分隔形式参数。例如，下面的函数可以计算两个直角边分别为 a 和 b 的直角三角形的斜边长度。

```
def hypot(a, b):
    return math.sqrt(a*a+b*b)
```

3. 默认参数

Python 函数中，开发者可以指定参数的默认值。此时这个具有默认值的参数将成为一个可选参数。当调用该函数时，如果没有指定这个参数的值，那么 Python 就会使用其默认值代替之。例如，在 math 模块中的 math.log(x, b) 函数，其第二个参数 b 就是一个默认的可选参数。如果在调用这个函数时没有指定 b 的值，那么这个函数就会返回 x 的自然对数，也就是说 b 的默认值是 math.e。

在自定义函数中，通过在函数签名中的参数变量名后使用等号和默认值就可以指定该形式参数变量为带默认值的可选参数。在函数签名中，开发者可以指定多个可选参数，但是所有可选参数都要定义在必选参数之后。

例如，关于求第 n 个阶数为 r 的广义调和数的问题如下。

```
H(n, r) = 1 + 1/2ʳ + 1/3ʳ+ 1/4ʳ+ … + 1/nʳ
```

由于 $r=1$ 时的第 n 个广义调和数等于第 n 个调和数，因此可以将 r 作为函数的第二个参数，当调用函数时可以让 *r* 具有默认值 1。

```
def harm2(n, r = 1):
    total = 0
    for i in range(1, n+1):
        total += 1/i**r
    return total
```

4. 不定长参数

Python 中不定长参数包含两种类型，第一种是不定长参数元组（*args），第二种是不定长参数字典（**kwargs），两种类型略有区别。

1）不定长参数元组（*args）

不定长参数元组可以传递一个可变参数列表（数目未知，长度最小可为 0）给函数实参，将其转化成元组返回，且 args 只能位于 kwargs 之前使用，如下示例。

```
def test_args(first,*args):
    print('required argument : ' , first )
    print(type(args))
    for v in args:
        print('optional argument : ' , v )
test_args(1,2,3,4)
```

这种参数元组中第一个参数是必须传入的参数，所以使用了第一个形参，后面三个参数作为可变参数列表传入了实参，并且将作为元组 tuple 来使用，运行结果如下。

```
required argument:1
<class 'tuple' >
optional argument:2
optional argument:3
optional argument:4
```

2）不定长参数字典（**kwargs）

不定长参数字典可以将一个可变的关键字参数的字典传给函数实参，同样参数列表长度可以为 0 或为其他值，示例如下。

```
def text_kwargs(first, *args, **kwargs):
    print('required argument: ', first)
    print(type(kwargs))
    for v in args:
        print('optional argument (args): ', v)
    for k, v in kwargs.items():
        print(' optional argument %s (kwargs) : %s ' %(k, v)
test_kwargs(1,2,3,4,k1=5,k2=6)
```

运行结果如下。

```
required argument:1
<class'dict'>
optional argument(args):2
```

```
optional argument(args):3
optional argument(args):4
optional argument k1 (kwargs):5
optional argument k2 (kwargs):6
```

5. 同时定义多个函数

在一个 .py 文件中，开发者可以自定义任意多个函数，各函数即相互独立，又可以彼此调用。函数在文件中定义的位置与顺序无关。

```
def square(x):
    return x*x
def hypot(a, b):
    return math.sqrt(square(a)+square(b))
```

但是，函数的定义位置必须位于调用该函数的全局代码之前。因此，典型的 Python 程序结构依次包含：①import 语句；②函数定义；③全局代码。

6. 关于 return 语句

函数体中的 return 语句可以放置在函数中任何需要的位置，也可以在同一个函数中使用多个 return 语句，但当函数执行到第一个 return 语句时，程序就会返回调用程序，终止函数的运行。例如，下面的例子中定义了一个函数用于判断一个给定的数是不是素数，其在函数体中使用了多条 return 语句。

```
def isPrime(n):
    if n < 2: return False
    i = 2
    while i * i <= n:
        if n % i == 0: return False
        i += 1
    return True
```

虽然在严格意义上来说，return 语句只能返回一个值，但此值可以为任何数据类型。因此，开发者可以通过返回一个 list 或 tuple 类型数据以达到返回多个值的目的，如下所示。

```
def min_max(a):
    return min(a), max(a)
result = min_max([3,5,1,9,2])
print(result)
# 输出结果 (1, 9)
```

上述示例要求在 [3，5，1，9，2] 中输出最大值与最小值，通过输出元组能达到返回多个值的目的。

7. 变量的作用范围

变量的作用范围指可以直接访问该变量的一系列语句。函数的局部变量和形式参数变量的作用范围局限于函数本身；而在全局代码中定义的变量（被称为全局变量，global variable）其作用范围局限于包含该变量的.py 文件。因而，全局代码不能引用一个函数的局部变量或形式参数变量；一个函数也不能引用另一个函数中定义的局部变量或形式参数变量。如果在一个函数中定义的局部变量（或形式参数变量）与全局变量重名（例如，程序 5-1 中的变量 *i*），则局部变量（或形式参数变量）优先，即函数中定义的变量是局部变量（或形式参数变量）而不是全局变量。

编程的一个指导原则为：定义变量的作用范围越小越好。使用函数的一个重要原因在于修改函数的内容不会影响程序其他不相关的部分。所以，尽管在函数中的代码可以引用全局变量，但作者强烈建议不要在函数中引用全局变量。调用者应该使用函数形式参数变量实现与其函数的所有通信，而函数则应该使用自身的 return 语句实现与其调用者的所有通信。局部变量和形式参数变量的作用范围如图 5-3 所示。

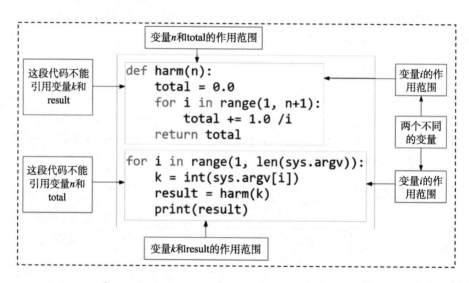

图 5-3   局部变量和形式参数变量的作用范围

8. 数组作为参数

在上面的函数例子中，所有参数及返回值都是不可变数据类型(int、float、str 和 bool)。对于不可变数据类型，有些操作表面上看起来修改了对象的值，但实际上只是创建了一个新的对象。Python 的函数调用是通过对象引用实现的（call by object reference），也被称为"值调用"，这里的值通常为对象引用而不是对象的值。因此，如果一个参数变量指向一个可变对象，而在函数中又改变了该对象的值，则在调用代码时，该对象的值也会被改变，因为二者指向的是同一个对象。

如前面章节所述，数组是可变（mutable）数据类型，因为开发者可以改变数组元素的值（但是对象不变）。如果函数使用数组作为参数，则该函数可实现操作任意数量对象的功能。同时，对数组实现排序、混排等修改作为参数的函数也无须返回数组的引用，因为函数会直接修改数组本身。表 5-2 列出了一些常用数组的处理函数。

表 5-2　一些常用数组的处理函数

函数功能	实现代码
数组各元素的均值	```python\ndef mean(a):\n total = 0.0\n for v in a:\n total += v\n return total / len(a)\n```
长度相等的两个向量的点积	```python\ndef dot(a, b):\n total = 0\n for i in range(len(a)):\n total += a[i]*b[i]\n return total\n```
交换数组中两个元素的值	```python\ndef exchange(a, i, j):\n temp = a[i]\n a[i] = a[j]\n a[j] = temp\n```
数组中各元素的混排	```python\ndef shuffle(a):\n n = len(a)\n for i in range(n):\n r = random.randrange(i, n)\n exchange(a, i, r)\n```
输出一个一维数组的长度及其各元素的值	```python\ndef write1D(a):\n print(len(a))\n for v in a:\n print(v)\n```

5.3　数学函数的计算（案例1：高考成绩的分布）

在科学和工程等诸多领域，计算各种数学函数非常重要。例如，下面是一个来自人们日常生活中的例子。中国每年都有约 1200 万名考生参加高考，以山东省为例，山东省大概每年有 80 万名考生。山东省高考使用全国卷，总分为 750 分。全国各高校都是基于考生们的分数来进行录取工作的，例如，很多学校的专业只收超过一段线的考生。山东省某年普通类一段线 437 分，二段线 150 分。如果考生考试成绩的均值为 420，标准差为 117。那有多少百分比的考生有资格报考一段线的高校或专业？如果某学校有奖学金，其申请标准最低要求 695 分，那么将有百分之多少的考生符合奖学金的申请标准呢？

可以使用统计中的正态分布来解答这个问题。假设考生们的考分服从均值为 μ，标准差为 σ 的正态分布（也称高斯分布），那么其概率密度函数和累积分布函数的示意图如图 5-4 所示。这样，考试成绩低于给定值 z 的学生人数占比近似为函数 $F(z, \mu, \sigma) = F((z - \mu) / \sigma)$。

在 Python 的标准库 math 模块中并没有计算正态分布概率密度和累积分布概率密度的相关函数，所以需要通过自定义函数对这个问题求解。以上问题的关键是如何求分布函数。经研究，如果 $z \sim N(0, 1)$，那么就有累积分布概率密度函数的泰勒逼近。

$$F(z) = 1/2 + f(z)(z + z^3 / 3 + z^5 / (3 \times 5) + z^7 / (3 \times 5 \times 7) + \cdots) \tag{5-1}$$

于是，此问题可以抽象为已知式（5-1）求函数 F(z, μ, σ)的值，其中 $z \sim N(\mu, \sigma^2)$。Python 程序的具体实现见程序 5-2。对于 z 取值比较小的情况，函数值非常接近于 0，所以代码直接返回 0。而对于 z 取值比较大的情况，函数值非常接近于 1，所以代码将直接返回 1。

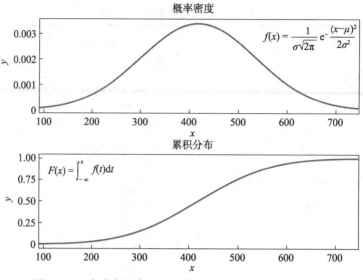

图 5-4   正态分布概率密度函数 $f(x)$ 和累积分布函数 $F(x)$

其他情况时，使用泰勒级数不断增加项直至和收敛。同样，为了方便，程序 5-2 实际上是计算 $F(z, \mu, \sigma) = F((z-\mu)/\sigma)$，使用默认值 $\mu=0$ 和 $\sigma=1$。结果表明，当均值为 420、标准差为 117 时，该年度 44.2% 的考生有资格报考一段线以上的高校或专业，有 0.009% 的考生有资格申请奖学金。

程序 5-2   利用数学函数计算高考成绩的分布(gauss.py)

```python
import sys
import math

def pdf(x, mu = 0, sigma = 1):
    x = float(x - mu)/sigma
    return math.exp(-x*x/2)/math.sqrt(2*math.pi)/sigma
def cdf(z, mu = 0, sigma = 1):
    z = float(z - mu)/sigma
    if z < -10: return 0
    if z > 10: return 1
    total = 0.0
    term = z
    i = 3
    while total != total + term:
        total += term
        term *= z*z/i
        i += 2
    return 0.5 + pdf(z)*total

z = float(sys.argv[1])
mu = float(sys.argv[2])
sigma = float(sys.argv[3])
print(1-cdf(z, mu, sigma))
```

上述 Python 程序代码实现了正态分布概率密度函数 pdf() 和累积分布函数 cdf()。其中，

pdf()函数可以直接使用公式实现，而 cdf()函数则需要使用泰勒级数并调用 pdf()函数实现。
程序 5-2 的运行结果如下所示。

```
% python gauss.py 437 420 117
0.4422373447585857457121
% python gauss.py 695 420 117
0.0093759339278833868
```

5.4 使用函数组织代码（案例 2：盲盒收集）

函数是表述计算任务最通用和最自然的方法。事实上，自第一章开始，Python 程序的"鸟瞰图"就等同于函数。可以将一个 Python 程序想象为一个"函数"，其可以把命令行参数转换为输出字符串，如图 5-5 所示。

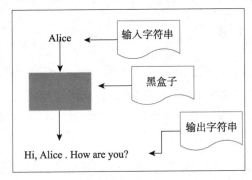 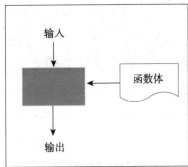

图 5-5　Python 程序"鸟瞰图"(左) vs. 函数（右）

利用函数可以更好地组织程序代码。例如，关于购买盲盒的案例。泡泡玛特（POPMART）曾发布一款水族馆系列盲盒手办，该系列共包含 12 款常规手办和 1 款隐藏款手办。其中，隐藏款是一个潜水员的手办，抽中的概率为 1/144（0.007）；常规款则包含了章鱼、海星、安康鱼、企鹅、珊瑚等 12 种海洋生物，它们被抽中的概率相同。泡泡玛特对每个盲盒的定价为 6 元。如果要集齐这款水族馆系列，大概需要花多少钱？

程序 5-3（blind.py）模拟了这个盲盒购买的过程。可以借助数组实现模拟购买的过程。一种比较简单的策略是使用一个包含 13 个初始值为 False 的数组 isCollected[]表示手办收集状态，用数组的索引下标表示这 13 款手办：如果值为 i 的手办已经被收集，那么 isCollected[i]的值就为 True，否则为 False。每当收集到一个值为 value 的手办时，就可以通过检查 isCollected[value]的取值判断这个手办是否已经被收集。如果其值为 False，说明获得了一个新的手办，否则获得了一个已经有的手办。在整个收集过程中，需要统计下面两个统计量：已经收集的手办的种类和总购买的手办的数量。当收集齐后就能计算总花费。

程序 5-3　盲盒收集模拟 (blind.py)

```
import sys
```

```
import random

n = int(sys.argv[1])  # 共有多少种手办
p = float(sys.argv[2])  # 隐藏款出现的概率
count = 0  # 统计购买的总次数
collectedCount = 0  # 统计已经拥有的手办种类
isCollected = [False]*n  # 利用数组标记已经拥有的手办, 可设定 0 为隐藏款

while collectedCount < n:  # 如果还没有集齐, 进入循环, 继续购买; 否则跳出循环
    count += 1
    if random.randrange(0, round(1/p)) == 0:
        value = 0  # 判断是否获得了隐藏款
    else:
        value = random.randrange(1, n)  # 如果不是隐藏款, 那么获得了哪一个
    if not isCollected[value]:  # 如果购买到了新的手办, 就标记数组和统计指标
        collectedCount += 1
        isCollected[value] = True

print(6*count)  # 统计总花费
```

上述 Python 程序代码实现了盲盒收集的模拟过程。程序接收两个命令行参数（n 和 p，分别表示盲盒的种类和隐藏款的概率），输出集齐所有种类的手办所需要的花费。程序 5-3 的运行结果如下所示。

```
% python blind.py 13 0.007
2226
% python blind.py 13 0.007
288
% python blind.py 13 0.007
204
% python blind.py 13 0.007
4932
```

程序 5-3 实现了盲盒收集的模拟过程。仔细研究这个程序可以发现程序实际上是可以分离任务的，例如，这个程序至少包含了以下不同的任务。

（1）给定盲盒手办的种类和隐藏款的概率，获得一个随机的手办。

（2）给定盲盒手办的种类和隐藏款的概率，进行手办的收集实验。

（3）从命令行获得参数 n 和 p，计算后输出结果。

程序 5-4 重新组织了代码，以反映整个计算中这三个任务的具体实施情况。前两个任务通过函数实现，第三个任务为全局代码。按上述结构组织程序代码后，可以改变函数 getGift() 的代码（例如，可能希望通过不同的概率分布抽取随机数），或改变全局代码（例如，可能希望接收多个输入参数，或者多次运行试验），而无须担忧这些修改的结果会影响到函数 collect()。

程序 5-4　盲盒收集模拟 (改进版 blind2.py)

```python
import sys
import random

def getGift(n, p):
    if random.randrange(0, round(1/p)) == 0: gift = 0
    else: gift = random.randrange(1, n)
    return gift
def collect(n, p):
    isCollected = [False]*n
    count = 0
    collectedCount = 0
    while collectedCount < n:
        value = getGift(n, p)
        count += 1
        if not isCollected[value]:
            collectedCount += 1
            isCollected[value] = True
    return count

n = int(sys.argv[1])
p = float(sys.argv[2])
result = collect(n, p)
print(6*result)
```

上述 Python 程序代码是程序 5-3 的改进版本，程序描述了把计算封装为函数的编程风格。程序的效果与程序 5-3 是完全一样的，但是把代码分为了三个分离的部分：生成一个随机数；运行收集实验；管理输入和输出。程序 5-4 的运行结果如下所示。

```
% python blind2.py 13 0.007
900
% python blind2.py 13 0.007
240
% python blind2.py 13 0.007
534
% python blind2.py 13 0.007
300
```

进一步分析，如果问题变为一个人想要收集这款盲盒手办，他平均需要花多少钱才能收集齐呢？显然，这是一个蒙特卡罗模拟实验，可以通过多次运行上面的实验过程并取平均数来进行计算。例如，模拟 5000 次上面的实验，其全局代码可以修改如下。

```python
n = int(sys.argv[1])
p = float(sys.argv[2])

total = 0
for i in range(5000):
    total += collect(n, p)
print(6*total/5000)
```

程序运行的结果显示，平均花费约 880 元才能收集齐所有盲盒手办。显然，当使用函数组织代码时，能够分离收集实验中不同部分，实现封装。这将更有利于理解并实现整个程序。程序包括许多独立的组成部分，所以将程序分离成多个不同函数可获得更多的优势。在这里编著者重申，在计算中，任何时候只要可以清晰地分离任务，就应该使用函数分离任务。

5.5　递　　归

5.5.1　递归的定义

在上面定义的函数实现了函数调用另一个函数的程序设计。那么，在自定义函数时可以调用函数本身吗？答案是肯定的。Python 及其他大多数现代程序设计语言的函数调用机制都支持这种自身调用的可能性，这被称为递归(recursion)。递归是一种编程技术，递归程序通常更加简洁，且更容易理解。下面将通过定义阶乘的函数来说明递归技术。一般正整数 n 的阶乘定义如下。

$$n! = n \times (n-1) \times (n-2) \times (n-3) \times \cdots \times 2 \times 1$$

显然，可以使用 for 循环结构很容易地计算这个阶乘。不过，可以发现正整数 n 的阶乘又是 n 和$(n-1)!$的积，$(n-1)!$又进而可以写为$(n-1)$和$(n-2)!$的积……于是，可以采用递归函数来进行计算。

```
def factorial(n):
    if n == 1: return 1
    return n*factorial(n-1)
```

上述函数通过调用自身以获得预期计算结果。事实上，开发者可以利用数学归纳法证明上述递归函数。首先，可证明当 n 为 1 时，factorial()返回"1 = 1!"。接下来，假设当 $n \leqslant k-1$ 时上述函数是正确的，那么 $n = k$ 时上述函数计算也必定正确（详细证明略）。

例如，为了计算 factorial(5)，递归函数需要先计算 factorial(4)；为了计算 factorial(4)，递归函数需要先计算 factorial(3)；以此类推。这个过程不断重复，直至计算 factorial(1)，而 factorial(1)直接会返回值 1。然后 factorial(2)把返回值乘以 2，即返回 2；factorial(3)把返回值乘以 3，即返回 6，以此类推。正如跟踪其他任何一系列函数调用一样，开发者同样可跟踪该递归计算的过程。

每个递归函数必须包括两个主要部分。一是基本情况(base case)，也被称为结束条件，表示递归的终止条件，用于返回函数值，此时不做任何后续的递归调用。基本情况基于一个或多个特殊参数，函数可直接求值而无须递归。例如，对于 factorial()，基本情况就是 n 等于 1。二是归约步骤（reduction step），也被称为递归步骤，是递归函数的核心部分，其把一个（或多个）参数值函数的求值与另一个（或多个）参数值函数关联。例如，对于 factorial()，其归约步骤为"n * factorial(n-1)"。所有的递归函数都必须包含这两个部分。同时，一系列的参数值必须逐渐收敛到基本情况。例如，对于 factorial()，每次递归调用时参数值 n 均递减 1，所以一系列参数值一定最终可以收敛到基本情况 $(n=1)$。

针对诸如 factorial()这样短小的程序，如果将归约步骤放置在 else 子句中，则程序会更加清晰。然而，多数的递归函数并不是必须有这种约定，特别是对于复杂的函数，else 子句需要缩进代码（即缩进归约步骤代码）。作为替代方法，可以采用的约定是把基本情况语句作为第一个语句，以 return 结束；剩余的代码则作为归约步骤的代码。

5.5.2 递归的应用

1. 欧几里得算法计算最大公约数

两个正整数的最大公约数（greatest common divisor，gcd）是指两个整数共有约数中最大的一个。例如，102 和 68 的最大公约数为 34，因为 102 和 68 都是 34 的倍数，且没有比 34 更大的整数可以同时让 102 和 68 整除。对于正整数 p 和 q，可以使用欧几里得算法计算其最大公约数如下。

如果 $p > q$，则 p 和 q 的最大公约数等于 q 和 "$p \% q$" 的最大公约数。

程序 5-5 中的 gcd()函数是一个简洁的递归函数，其递归步骤基于了上述算法。基本情况为：当 q 等于 0 时，"$gcd(p, q) = p$"。通过观察可以发现，每次递归调用时，因为 "$p\%q < q$"，也就是第二个参数的值会严格递减，所以通过递归一定会收敛到基本情况。这个递归方法被称为欧几里得算法，迄今已有 2000 多年的历史，是最古老的算法之一。

程序 5-5　求两个正整数的最大公约数 (euclid.py)

```
import sys

def gcd(p, q):
    if q == 0: return p
    return gcd(q, p%q)

p = int(sys.argv[1])
q = int(sys.argv[2])
print(gcd(p,q))
```

上述 Python 程序接收两个命令行参数，使用欧几里得算法利用递归函数计算这两个整数的最大公约数。程序 5-5 的运行结果如下所示。

```
% python euclid.py 144089 889
1
% python euclid.py 144089 88
11
% python euclid.py 144080 665
5
```

2. 汉诺塔

法国数学家爱德华·卢卡斯曾编写过一个关于印度的古老传说：在世界中心贝拿勒斯（在印度北部）的圣庙里，一块黄铜板上插着三根宝石圆柱。印度教的主神梵天在创造世界的时候在其中一根圆柱上从下到上地穿好了由大到小的 64 片金片，这就是所谓的汉诺塔。不论白天黑夜，总有一个僧侣在按照下面的法则移动这些金片。

（1）一次只移动一片。

（2）不管在哪根圆柱上，小片必须在大片上面。

僧侣们预言，当所有的金片都从梵天穿好的那一根圆柱上移到另一根圆柱上时，世界就将在一声霹雳中被毁灭，而梵塔、庙宇和众生也都将同归于尽。

不管这个传说的可信度有多大，我们关心的问题是考虑如何把 n 片金片由一根圆柱上移到另一根圆柱上，并且始终保持上小下大的顺序。

要解决这个问题，需要让程序发出一系列移动金片的指令。假设金片排成一行，每条指令向左或向右移动一个指定号码的金片。如果一个金片位于左侧圆柱，则向左移动意味着回绕到右侧圆柱。如果一个金片位于右侧圆柱，向右移动则意味着回绕到左侧圆柱。这样，如果所有的金片都位于一根圆柱，则有两种可能的移动方法（向左或向右移动最小金片）。否则，有三种移动方法（向左或向右移动最小金片，或在其他两个圆柱之间执行一次合法移动）。接下来使用递归来进行移动的设计：首先移动上面 $n-1$ 个金片到一根空的圆柱，然后移动最大的金片到另一根空的圆柱，最后将 $n-1$ 个金片移动到最大金片所在的圆柱上即可完成任务，如图 5-6 所示。为了简化移动指令，可以规定一种带回绕的金片移动规则。回绕的意思是从最左侧的圆柱再向左移动金片意味着将金片移动到最右侧圆柱上，从最右侧的圆柱再向右移动金片意味着将金片移动到最左侧圆柱上。

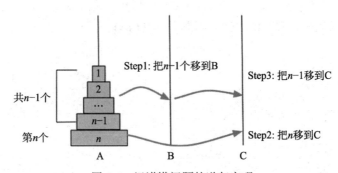

图 5-6   汉诺塔问题的递归实现

程序 5-6（hanoi.py）中的 moves() 函数能够利用递归来实现上述策略。程序从命令行读取参数 n，输出 n 个圆盘的汉诺塔问题的解决方案。考虑到一个圆盘只能向左或者向右移动（二值的），这里使用布尔值来表示这两个数值。也就是说，递归函数 moves() 将向左移动金片（如果参数 left 为 True）或向右移动金片（如果参数 left 为 False）。

程序 5-6   汉诺塔问题 (hanoi.py)

```
import sys

def moves(n, left):
    if n == 0: return
    moves(n-1, not left)
    if left: print(n, 'left')
    else: print(n, 'right')
    moves(n-1, not left)

n = int(sys.argv[1])
```

```
moves(n, left = True)
```

上述 Python 程序接收个命令行参数 *n*，将 *n* 个圆盘左移到新的圆柱上。程序 5-6 的运行结果如下所示。

```
% python hanoi.py 3
1 left
2 right
1 left
3 left
1 left
2 right
1 left
```

事实上，如果要移动 *n* 片圆盘，移动次数是 $f(n)$，则有 $f(1) = 1, f(2) = 3, f(3) = 7$，且 $f(k+1) = 2*f(k)+1$。不难证明 $f(n) = 2^n-1$。当 *n*=64 时，假如每秒钟移动一次，共需多长时间呢？一个平年 365 天有 31536000 秒，闰年 366 天有 31622400 秒，平均每年 31557600 秒，计算一下，共需要约 18446744073709551615 秒。计算的 Python 程序可以通过下面的递归函数来实现。

```
def count(n):
    if n == 0: return 0
    return 2*count(n-1) + 1
```

这表明移完这些金片需要 5845.42 亿年以上，而地球存在至今不过 45 亿年，太阳系的预期寿命也就是数百亿年。真的要是过了 5845.42 亿年，不说太阳系和银河系，至少地球上的一切生命，连同梵塔、庙宇等都早已经灰飞烟灭。

5.6 小　　结

1. 函数是一种非常重要的编程方法

函数支持这样的一个关键概念：在计算任务中，任何时候只要可以清晰地分离任务，则应使用函数分离任务。作者反复强调这个观点，并在本书的其他部分强化了这个观念。这个概念将对初学者的编程方法产生深刻影响。当撰写论文时，人们通常将内容分成不同的章节和段落。同样，在编写程序时，将程序分成不同的函数、将一个大任务分离成多个小任务非常重要，因为将大任务分离成多个小任务将会大大方便调试、维护和重用，这些都是开发成功软件的关键所在。

2. Python 程序的典型结构

一个 Python 程序的典型结构包括如下三个部分。

（1）一系列 import 语句。

（2）一系列自定义函数。

（3）程序的主体，也被称为全局代码。

在撰写程序时，要严格按照这个结构组织代码，形成良好的编程风格。

3. 函数编程的要点和基本规范

（1）Python 执行 def 语句时会创建一个函数对象，并将之绑定到函数名变量上。

（2）调用函数（通过参数命名实现调用）之前必须先定义函数，即先调用 def 语句创建函数对象。

①内置函数对象会被自动创建。

②标准库和第三方库函数通过 import 命令导入模块时会执行模块中的 def 语句。

（3）关于参数列表有如下注意事项。

①圆括号内是形式参数列表，有多个参数则应使用逗号隔开。

②形式参数不需要声明类型，也不需要指定函数返回值类型，形式参数的命名要符合"标识符"命名规则。

③没有参数也必须保留空的圆括号。

④在调用函数时，传递的参数被称为"实际参数"，简称"实参"，实参列表必须与形参列表一一对应。

（4）关于 return 返回值有如下注意事项。

①如果函数体中包含 return 语句，则该语句将结束函数执行并返回值。

②函数体中可以不包含 return 语句，如果不包含 return 语句，则函数将返回 None 值。

③要返回多个返回值时，可以使用列表、元组、字典、集合等将多个值"存起来"。

（5）关于参数的类型有如下注意事项。

①位置参数：函数调用时，实参默认按位置顺序传递，需要个数和形参匹配。

②默认值参数：可以为某些参数设置默认值，这样这些参数在传递时就是可选的，其被称为"默认值参数"。默认值参数要放到位置参数的后面。

③命名参数：也可以按照形参的名称传递参数，被称为"命名参数"，也称"关键字参数"。

（6）如果在函数体的 return 语句后编写代码，一旦运行到 return 语句，程序会把控制返回给调用者。所以，函数体中位于 return 语句后的所有代码都是没有意义的，这些代码永远不会被执行。在 Python 语言中，定义这种函数是合法的，但属于一种不良的编程风格。

（7）在同一个.py 文件中定义了两个相同名称的函数（但参数个数可能不同），会导致什么结果呢？这是很多其他程序设计语言中的函数重载（function overloading）功能。但 Python 语言是不支持函数重载的编程语言，在 Python 中，第二个函数定义将覆盖第一个函数定义。但是在不同的文件中定义了两个相同名称的函数则是没有问题的。例如，可以在 gauss.py 文件中自定义一个名为 pdf()函数，用于计算正态分布的概率密度函数；同时在 cauchy.py 文件中自定义另一个名为 pdf()函数，用于计算柯西概率密度函数（Cauchy probability density function）。

（8）一般情况下，不要使用一个可变对象作为函数可选参数的默认值，因为这可能会导致不可预料的结果。Python 在函数定义时（而不是每次调用函数时）对默认参数只求值一次。所以，如果函数体修改了一个默认参数，则后续的函数调用会使用修改后的值。例如，可以尝试让 Python 执行下面的代码。

```
import random
def append(a=[], x=random.random()):
    a +=[x]
    print(a, '1')
    return a
b = append()
print(b, '2')
c = append()
print(c, '3')
d = append()
print(d, '4')
print(b, '2')
```

4. Python 程序设计中的常见错误

在本章节中，初学者常见的编程错误或注意事项主要如下。

（1）函数定义时缺少返回值。

（2）函数定义时，使用了 Python 其他模块中的函数，但没有首先导入该模块。

（3）形参命名不符合"标识符"命名规范。

（4）Python 代码中的缩进是有含义的，函数定义缩进出现错误。

（5）请小心区别函数定义中的局部变量和全局变量的作用范围。

（6）函数后面一定要加括号（英文），括号里面是否加参数看具体情况。括号后面有冒号。

（7）自定义递归函数时，需要特别注意函数的基本情况和递归步骤，以及递归时参数是否能够收敛到基本情况。如果没有基本情况，或者递归时参数不能收敛到基本情况，那么程序将永远无法停止。

（8）过量的内存需求。如果一个递归函数在返回之前递归调用自己的次数太多，则 Python 用于保存递归调用所需的内存可能无法得到满足，从而导致"maximum depth exceeded"（超过最大递归深度）运行错误。

（9）避免在递归函数中过量重计算，具体参考习题 20。

5.7 习　　题

1. 请编写一个函数 max()，接收三个整型或浮点型的参数，返回最大值。

2. 请编写一个函数 odd()，接收三个布尔型的参数，如果参数中有 1 个或者 3 个 True，则返回 True，否则返回 False。

3. 请编写一个函数 majority()，接收三个布尔型的参数，如果至少两个或两个以上的参数为 True，则返回 True，否则返回 False。要求不许使用 if 语句。

4. 请编写一个函数 areTriangular()，接收三个数值参数，如果三个数值可构成三角形的三条边（即任意一条边的长度小于另外两条边的和）则返回 True，否则返回 False。

5. 请编写一个函数 sigmoid()，接收一个浮点型的参数 x，返回公式 $1/(1+e^{-x})$ 的计算结果。

6. 请编写一个函数 lg()，接收一个整型的参数 n，返回底为 2 的 n 的对数。

7. 请编写一个函数 signum()，接收一个浮点型的参数 n，如果 n 小于 0 则返回–1；如果 n 等于 0 则返回 0；如果 n 大于 0 则返回 "+1"。

8. 请编写一个离差标准化的函数，接收一个数组参数 a[]，注意确保数组的每个元素值均为大于或等于 0 的浮点数。重新调整数组元素的大小，使各元素的值映射到 0 和 1 之间。（可以使用内置的函数 max()和 min()，可以通过各元素与最小值之差除以最大值与最小值之差进行数据范围的调整）

9. 请编写一个函数 histogram()，接收一个整型数组 a[]和一个整数 m 作为参数，返回一个长度为 m 的数组，其第 i 个元素为整数 i 在数组 a[]中出现的次数。假设数组 a[]中各元素值的取值范围为 0 到 "$m–1$"，以便返回的结果数组的所有值之和应该等于 len(a)。

10. 请编写一个函数 multiply()，接收两个相同维度的方阵作为参数，返回两个矩阵的乘积（相同维度的另一个矩阵）。进而修改程序以使第一个矩阵的列数等于第二个矩阵的行数。

11. 请编写一个函数 any()，接收一个布尔型数组作为命令行参数，如果数组中的任一元素为 True 则返回结果 True，否则返回 False。请编写函数 all()，接收一个布尔型数组作为参数，如果数组中的所有元素为 True 则返回结果 True，否则返回 False。请注意：all() 和 any()是 Python 内置函数；本习题的目的是通过创建自己的版本以更好地理解这两个函数的含义。

12. 请编写一个程序，尝试运行如下函数：函数通过高斯分布生成随机变量，函数基于在单位圆中产生一个随机点的算法。

```
def gaussian():
    r = 0.0
    while (r >= 1.0) or (r == 0.0):
        x = -1.0 + 2.0 * random.random()
        y = -1.0 + 2.0 * random.random()
        r = x*x + y*y
    return x* math.sqrt(-2.0 * math.log(r) / r)
```

程序带一个命令行参数 n，产生 n 个随机数值，使用一个包含 20 个整数的数组统计位于区间 "$i*0.05$" 到 "$(i+1)*0.05$"（$i \in [0,19]$）中随机数的数目。

13. 请在程序 gauss.py（程序 5-2）中增加一个函数 cdfInverse()，使用二分查找法计算反函数，改全局代码，使程序从命令行接收第三个参数 p，参数 p 是位于 0～100 之间的数值。给定前两个命令行参数为指定年份高考成绩的均值和标准差，如果一个学生要取得前百分之 p 的成绩，那么请计算并输出该学生需要获得的最低分数。

14. 请编写一个程序，使接收 s、x、r、sigma 以及 t 作为五个命令行参数，计算并输出布莱克-斯科尔斯期权定价结果。布莱克-斯科尔斯计算公式为 $s\emptyset(a) - xe^{-rt}\emptyset(b)$，其中，$\emptyset(z)$ 是高斯累积分布函数，$a = (\ln(s/x) + (r + \sigma^2/2)t)/(\sigma\sqrt{t})$，并且 $b = a - \sigma\sqrt{t}$。

15. 请编写一个函数 binomial()，接受一个整型参数 n，一个整型参数 k 及一个浮点型参数 p，使用如下公式计算投掷 n 次有偏硬币（正面的概率为 p）获得正好 k 次正面的概率。

$$f(k,n,p) = p^k(1-p)^{n-k}n!/(k!(n-k)!)$$

提示：从命令行接收参数 n 和 p，并检测所有 k（取值范围为 $0 \sim n$）的总和近似为 1。

16. 请编写另一个版本的盲盒收集模拟（程序 5-4），编写新的 getGift() 函数，要求使用 15 题中的 binomial() 函数，并假设二项分布中的概率 $p = 1/2$。提示：先生成一个取值范围为 $0 \sim 1$ 之间均匀分布的随机数，然后返回满足下列条件的最小的 k：对于所有的 $j < k$，$f(j,n,p)$ 之和大于 x。

17. 编写计算平均数和标准差的函数，并且在程序中调用之，实现如下功能。

（1）输入姓名和考试分数。

（2）按照分数排序。

（3）计算平均数和标准差，并输出。

18. 字符串含有大小写的字母。要求对字符串中的字母进行排序，但不区分大小写。例如，字符串"LifeisShortYouNeedPython"，排序之后使之变成"deeefhhiiLNnoooPrSstuYy"。请编写函数，实现上述功能。

19. 请使用递归编写一个 power() 函数来进行幂运算，也就是说 power(x, n) 返回 x 的 n 次幂的值。

20. 请使用递归编写一个函数，用来检查一个任意的字符串是否是回文字符串，如果是就返回 True，否则返回 False。（回文字符串，字符串从前往后念和从后往前是一样的，如 abcba）

21. 请使用递归编写一个十进制转换为二进制的函数（要求采用"除 2 取余"的方式，结果以字符串形式返回）。

22. 利用递归编写程序计算斐波那契数(Fibonacci)。

$$F(n) = \begin{cases} 0, & (n=0) \\ 1, & (n=1) \\ F(n-1)+F(n-2), & (n>1) \end{cases}$$

程序如下。

```
def fibonacci(n):
    if n == 0 or n == 1:
        return n
    if n > 1:
        return fibonacci(n-1)+ fibonacci(n - 2)

result = fibonacci(4)
print(result)
```

假设函数调用输入是 10，找出递归计算过程完全相同的部分，并写出优化程序。（提示：可以创建备忘录 memorization）

参考答案：

当函数调用输入是 10 的时候，如果要计算原问题 F(10)，就需要先计算出问题 F(9) 和 F(8)，如果要计算 F(9)，就需要先计算出子问题 F(8) 和 F(7)，以此类推。这个递归的终止条件是当"F(1)=1"或"F(0)=0"时结束。分析递归算法可以知道 F(8)会执行两次，F(7)执行三次，F(6)执行五次……这意味着，很多计算是"完全没有必要的"，它是重复的计算。因为已经在求解 F(7)的时候把 F(6)的所有情况算过了，所以这些重复计算的部分被称为**重叠子问题**。

既然存在重复的子问题，那么在遇到这些重复的子问题时，只需要执行一次即可，这样就可以消灭重复计算的过程。为了达到这个目的，可以创建一个备忘录（memorization），在每次计算出某个子问题的答案后，将这个临时的中间结果记录到备忘录里，然后再返回。接着，每当遇到一个子问题时先去这个备忘录中查询一下。如果发现之前已经解决过这个子问题了，那么就可以直接把答案取出来复用，这样就可以极大地提高代码运行效率。

下面是利用数组实现的备忘录优化计算斐波那契数列的程序。

```python
def fibonacci(n, memo):
    if n == 0 or n == 1:
        return n
    # 如果备忘录中找到了之前计算的结果就直接返回，避免重复计算
    if memo[n] != None:
        return memo[n]
    if n > 1:
        memo[n] = fibonacci(n - 1, memo) + fibonacci(n - 2, memo)
        return memo[n]
    # 如果数值无效(如 < 0)则返回0
    return 0

def fibonacciAdvance(n):
    memo = [None] * (n + 1)
    return fibonacci(n, memo)

result = fibonacciAdvance(4)
print(result)
```

即测即练

自学自测　　扫描此码

## 第6章

模　块

引言

到目前为止前文编写的程序所包含的 Python 代码都位于一个单独的.py 文件中。但是对于大型程序而言，把所有的代码集中于一个单独源文件中并不方便。本章将讨论程序设计中的一个新的知识点：模块（module）。模块是一个 Python 文件，里面包含了一系列函数对象的定义和可执行语句。把相关代码分配到一个模块里可以使程序的逻辑结构更清晰、更易懂。在编程中，模块的重要意义在于其可以使 Python 很容易地调用其他文件中定义的函数，并使代码重用更为便利。

课程素养

任何一个复杂问题都是由若干功能相对单一、独立的模块组成的。换言之，对于开发者而言，先确定一个总体目标，再进一步将之分解为具体的小目标一一实现，就能实现最终的目标。从更高的角度看，国家的战略目标亦是如此。

思政案例

乐 高 游 戏

乐高游戏是一个经典的模块化思维应用。乐高游戏将最终模型分解为若干个独立又相互关联的小模型，逐一拼搭完成后，通过合理的组合，完成最终模型。这就是模块化的思维。模块化思维是将完整的系统功能分解为若干个彼此独立又相互联系的组成部分，逐一实现后再将这些组成部分结合在一起，实现完整的系统功能。

教学目标

讨论模块的调用、自定义和使用模块分离任务。主要目标是：①理解 Python 中的模块和客户端；②掌握 Python 编程过程中模块的调用方法；③掌握模块的自定义方法和自定义模块的基本用法；④掌握使用模块化程序设计分离编程任务的方法，进而对 Python 程序进行优化。

知识要点

本章所有程序一览表

程序名称	功能描述
程序 6-1（gaussian.py）	正态分布的函数模块
程序 6-2（gaussList.py）	正态分布的应用客户端
程序 6-3（randomNumber.py）	自定义随机数抽样模块
程序 6-4（normalTest.py）	测试正态分布的随机数抽样
程序 6-5（dataAnalysis.py）	数据分析模块
程序 6-6（dataAnalysis2.py）	数据分析模块中的绘图函数
程序 6-7（bernoulli.py）	二项分布、泊松分布与正态分布

小节引例

假设对一组数据进行分析，需要计算该组数据中数值的均值、方差、标准差、中位数和百分位数，并且画出该组数据的可视化图形，那么应该如何利用一个 Python 模块实现这些需求呢？

6.1   模块的创建和使用

在程序设计中，使用模块可以在一个程序中调用由另一个程序中定义的函数。本节将阐述模块的创建和使用。首先，需要区分以下两种类型的 Python 程序。

（1）模块（module）。模块包含可被其他程序调用的函数。

（2）客户端（client）。客户端是调用其他模块中函数的程序。

一个程序可以同时成为模块和客户端，上述术语仅强调一个程序的某种特殊功能。

创建并使用一个模块一般需要五个步骤：①自定义模块并编写测试客户端；②删除模块的全局代码；③使模块可被客户端调用；④在客户端中导入模块；⑤在客户端限定函数调用。接下来将依次讨论这五个步骤。在讨论的过程中，将使用 module.py 表示模块的名称；使用 client.py 表示客户端的名称，通过一个实例（正态分布模块 gaussian.py）阐述创建和使用模块的完整过程：模块 gaussian.py（程序 6-1）是程序 gauss.py（程序 5-2）的模块化版本，用于计算正态分布函数；客户端程序 gaussList.py（程序 6-2）则将调用自定义的模块进行计算并输出计算结果。

1. 自定义模块并编写测试客户端

对上一章节中的正态分布函数进行模块化封装，如程序 6-1 所示。该程序包含了两个函数：正态分布的概率密度函数和累积分布函数。同时，该程序还定义了一个测试客户端的 main() 函数，接收三个浮点型命令行参数：z、mu 和 sigma，并使用这些参数测试该模块中的 pdf()和 cdf()函数。及时对自定义函数进行测试以保证函数正确并避免意想不到的错误是一种良好的编程习惯。实际上，很多优秀的程序员已经坚持了几十年的最佳编程实践就是编写代码以测试模块中各函数的功能并且将测试代码包括在模块内。长久以来的传统是把测试代码放置在名为 main()的函数中。当该模块被作为当前客户端接受测试时，测试代码就被作为全局代码运行和测试；但当其他客户端调用该模块中的函数时，测试代码将不再起作用。

程序 6-1 正态分布函数模块（gaussian.py）

```python
import math
import sys

def pdf(x, mu=0.0, sigma=1.0):
    x = float(x-mu)/sigma
    return math.exp(-x*x/2.0) / math.sqrt(2.0*math.pi) /sigma
def cdf(z, mu=0.0, sigma=1.0):
    z = float(z - mu) / sigma
    if z < -10.0: return 0.0
    if z > 10.0: return 1.0
    total = 0.0
    term = z
    i = 3
    while total !=total + term:
        total += term
        term *= z*z/i
        i += 2
    return 0.5 + total * pdf(z)

def main():
    z = float(sys.argv[1])
    mu = float(sys.argv[2])
    sigma = float(sys.argv[3])
    print(1-cdf(z, mu, sigma))
if __name__ == '__main__': main()
```

程序 6-1 定义了一个正态分布的模块，模块中包含两个函数和相关测试代码，测试代码被包含在函数 main()中，该函数接收三个命令行参数，然后调用模块中的函数，最后在标准输出中写入结果。程序 6-1 的测试运行结果如下。

```
% python gaussian.py 437 420 117
0.4422373447585745721
% python gaussian.py 695 420 117
0.009375933927833868
```

2. 在模块中消除全局代码

Python 的 import 语句会执行导入模块中的所有全局代码（包括函数定义和任意全局代码），所以在模块中不能遗留全局代码，因为这些测试代码常常会向标准输出写入内容。替代的方法就是将测试代码放置在 main()函数中，并指定当且仅当从命令行执行该程序时 Python 才会调用测试函数 main()，使用的方法如下。

```
if __name__ == '__main__': main()
```

需要注意的是,name 和 main 前后均包含两个下画线(不是一个!)。上述代码指示 Python 仅在该模块的.py 文件从命令行直接执行时才调用 main()进行测试,而在其他客户端调用该模块时, 则 import 导入模块的过程不会执行 main()函数。

3. 使模块可被客户端调用

Python 在处理 client.py 程序中的 import module 语句时需要能够找到程序文件 module.py。当模块不是 Python 内置或标准模块时, Python 首先会在与程序 client.py 相同的目录中查找该模块文件。所以, 最简单的方法是把客户端程序文件和模块文件放置在相同目录下。

4. 在客户端中导入模块

要使用自己定义模块,需要在新的客户端 client.py 中编写"import module"语句(注意, 没有后缀.py)。import 语句的目的是通知 Python 客户端的代码可能会调用定义在 module.py 中的一个或多个函数。在下面的示例中, 客户端 gaussList.py 包含语句"import gaussian",所以新客户端能调用定义在 gaussian.py 中的任何函数。在大多数 Python 代码中, import 语句位于程序的最开始位置,导入标准模块的 import 语句则位于用户自定义模块的前面。

5. 在客户端调用模块中的函数

在其他任何 Python 程序(客户端)中, 要调用定义在模块 module.py 中的函数, 都应首先键入模块名 module, 然后键入点运算符(.), 最后键入函数名。前文其实已经介绍过这种函数的调用方式,例如,math.sqrt()、random.random()等。在程序 6-2 中,客户端 gaussList.py 使用语句 gaussian.cdf(score, mu, sigma)调用了定义在模块 gaussian.py 中的函数 cdf()。

程序 6-2   正态分布模块的应用客户端示例(gaussList.py)

```
import sys
import gaussian

mu = float(sys.argv[1])
sigma = float(sys.argv[2])
for score in range(100, 750+1, 100):
    percent = gaussian.cdf(score, mu, sigma)
    print(score, percent)
```

程序 6-2 是模块 gaussian 和 sys 的客户端, 输出高考中低于某个分数值的学生百分比的列表, 假定考试成绩遵循给定均值和标准差的高斯分布。程序阐述了如何调用其他模块中的函数: 首先导入模块, 然后使用全限定名称(模块名.函数名)调用其他模块中的函数。在程序中, 代码调用了 gaussian.py(程序 6-1)中的函数 cdf()。程序 6-2 的运行过程和结果如下。

```
% python gaussList.py 420 117
100  0.0031186088929345 27
200  0.03003074950125556
300  0.15253041101077636
400  0.4321354048310157
```

```
500  0.752936851501782
600  0.9380320971636288
700  0.9916480769787179
```

与模块相比，客户端 gaussList.py 的目的是交互而不是用于其他程序。人们一般使用术语 "脚本（script）" 描述这类代码。模块和脚本之间没有太多区别：Python 程序员开始编写脚本程序，最终通过移除其中的全局代码实现模块化。人们通常使用 "模块" 特指一个 Python 编写的，可在其他 Python 程序中复用其函数功能的.py 文件（所以模块中不包含全局代码），而 "脚本" 则特指那些不以复用为目的的.py 文件，其往往包含任意的全局代码。

6.2　模块化程序设计

"模块化程序设计（modular programming）" 是程序设计风格的一个深刻变革。人们每当开发和调试一个程序都会定义多个文件（每一个文件都是一个包含多个函数的独立模块），最后在脚本中调用这些模块并完成程序设计。那么，这种模块化程序设计的视角有什么优势呢？

假设在未来的应用程序中，人们需要求解正态分布的累积分布函数，那么为什么不从原始的 gauss.py 中复制粘贴代码来实现 cdf() 的功能呢？事实上这样做并没有问题，但复制粘贴的方式会产生两处相同的代码。如果今后需要修正或改进代码，则需要同时修改两处代码，从而导致维护困难。然而，如果采用模块化程序设计方法则仅需要修改模块中的一个函数就可以了。

模块化程序设计的核心优点也是每个程序员应该使用模块化程序设计的原因，这种设计鼓励人们把计算任务分解为较小的部分，以方便独立排错和测试。一般而言，编写任何程序都应该采用合适的方法把计算任务分解为可管理的部分，然后分别实现。这种程序设计方式可以大大节省重新编写和调试代码的精力。任何时候，将模块进行适当的包装供以后使用都是一个非常有价值的行为。

下面将关注用户自定义模块这一过程。一个 Python 模块（或模块库）不可能包含给定计算所需的所有函数，所以创建自定义模块是解决复杂计算问题的关键。接下来将阐述自定义模块过程中的六个术语。

1. 实现（implementation）

通用术语 "实现" 用于描述实现重用的若干函数的代码。一个 Python 模块就是一种实现：若干函数的集合使用名称 module 表示，并被保存在一个 module.py 文件中。类似地，程序 gaussian.py 也是一种实现。

模块设计的指导性原则是：为客户端提供需要的函数，但不要包含其他多余内容。实现包含大量函数的模块会成为一个负担，而缺少重要函数的模块对客户端而言没有必要。例如，Python 的 math 模块中就不包含正割函数、余割函数和余切函数，因为这些函数很容易通过函数 math.sin()、math.cos() 和 math.tan() 的计算得到。

2. 客户端（client）

通用术语 "客户端" 表示使用一个实现的程序。一个调用被定义在文件名为 module.py

中函数的 Python 程序(脚本程序或模块)就是模块 module 的一个客户端。例如，gaussList.py 就是 gaussian.py 的一个客户端。一个模块可以有多个客户端。又如，所有用户编写的调用 math.sqrt()的程序都是 Python 的 math 模块的客户端。在实现一个新的模块时，必须清楚该模块的功能，以及其能够为客户端做什么。

3. 应用程序编程接口（API）

程序员通常认为在客户端和实现之间的契约（contract）是一个明确的规范，规定"实现"的具体功能是什么。这种方法可保证代码的可重用性。用户可编写基于 Python 模块 math 和 random 及其他标准模块的客户端程序，因为存在一个非正式的契约（描述函数作用的非正式自然语言），以及可用函数签名的精确规范。两者结合起来就被统称为"应用程序编程接口（API）"。同样的机制也适用于用户自定义的模块。API 允许任何客户端直接使用模块，而无须检测模块中定义的代码。例如，直接使用模块 math 和 random 中的函数。在编写一个新模块时都需要提供 API。例如，gassian.py 模块的 API 如表 6-1 所示。其中，mu 的默认值为 0，sigma 的默认值为 1.0。

表 6-1   gaussian.py 模块的 API

函数调用	功能描述
gaussian.pdf(x, mu, sigma)	正态分布概率密度函数
gaussian.cdf(z, mu, sigma)	正态累积分布函数

4. 私有函数（ private function ）

有时候需要在模块中定义辅助函数，辅助函数不能被客户端直接调用，其被称为私有函数。根据惯例，Python 程序员使用下画线开始的名称命名私有函数。例如，如下代码片段是 gaussian.py 中 pdf()函数的另一种实现，此函数调用了私有函数 phi()。

```
def _phi(x):
    return math.exp(-x*x/2.0) / math.sqrt(2*math.pi)
def pdf(x, mu=0.0, sigma=1.0):
    return _phi(float((x - mu) / sigma)) / sigma
```

API 中一般不包括私有函数，因为私有函数不属于客户端和模块实现之间的契约。人们一般情况下也不能直接在客户端调用这些以下画线开始的函数。

5. 库（ library ）

库是若干相关模块的集合。例如，Python 包括的标准库（包括模块 random 和 math 等）和许多扩展库（例如，用于科学计算的 Numpy，用于图像和声音处理的 Pygame 等）。本书将讨论各种读者可能感兴趣的模块和库。在获得更多的 Python 编程经验之后，相信读者一定能够更好地应对大量可用的库。

6. 文档（ documentation ）

通过 Python 交互式的内置函数 help()可查看标准库、扩展库和本书所有模块的所有

API，help(random)示例如图 6-1 所示：首先键入 python（进入交互式 Python）；然后键入语句 import module（目的是导入模块）；最后键入 help(module)或者 help(module.function)即可查看指定 module 的 API。Python 标准库和扩展库中模块的 API 还存在另一种形式：Python 在线帮助。

```
C:\Users\Administrator>python
Python 3.10.3(tags/v3.10.3:a342a49,Mar 16 2022,13:07:40 [MSC v.1929 64
bit (AMD64)] on win32
Type "help", "copyright", "credits" or "license" for more information.
>>>import random
>>>help (random)
Help on module random:
NAME
    Random - Random variable generators.
MODULE REFERENCE
    http://docs.python.org/3.10/library/random.html
    the following documentations is automatically generated from the
python source files . It may be incomplete , incorrect or include features
that are considered implementation detail and may vary between python
implementations . When in doubt , consult the module reference at the
location listed above .
DESCRIPTION
    Bytes
    -----
        Uniform bytes (values between 0 and 255)
    Integers
    -------
        Uniform within range
    Sequences
    ---------
        Pick random element
        Pick random sample
        Pick weighted random sample
        Generate random permutation
--More--
```

图 6-1　help(random)示例

　　每个 Python 模块和每个用户自己编写的模块都是 API 的一种实现，未被实现的 API 没有任何使用价值。通过 API 可以将客户端代码和模块代码分离，这极大地便利了人们替换新的实现或改进一个实现。这种思想和设计风格是 Python 编程非常重要的一点。下面将用几个例子讨论自定义模块及模块中一些函数的实现，同时还将描述这些模块的一些客户端应用场景。

6.3　自定义模块案例 1：随机数模块

　　前文已经介绍了 Python 的 random 模块中的若干函数，这里通过调用其中的一些函数或者自定义一些函数可以实现自定义模块（为了与 Python 的标准库模块 random 区分，这里使用 randomNumber 为自定义模块命名)。自定义的模块中包含的函数 API 如表 6-2 所示。如果要使用这些函数，首先要使该模块可为 Python 使用，通常的解决方法是将该文件放置在与客户端程序相同的目录下。另外，其他客户端在使用该模块时必须包含一个 import 语句。

表 6-2　randomNumber 模块的 API

函数调用	功能描述
uniformInt(lo, hi)	从均匀分布中抽样随机整数：输出一个取值范围在[lo,hi]之间的均匀随机整数
uniformFloat(lo, hi)	从均匀分布中抽样随机浮点数：输出一个取值范围在[lo,hi]之间的均匀随机浮点数
bernoulli(p)	从伯努利分布中抽样随机数：假设事件发生的概率为 p，输出此次事件发生与否（True 表示发生，False 表示不发生）
binomial(n, p)	从二项分布中抽样随机数：假设相互独立事件的发生概率为 p（默认值为 0.5），输出在 n 次实验中，事件发生的次数
normal(mu, sigma)	从正态分布中抽样随机数：输出一个服从均值为 mu（默认值为 0.0），标准差为 sigma(默认值为 1.0)的正态分布的随机数
discrete(a)	从离散分布中抽样随机数：概率正比于数组 a[i]的离散值 i

Python 的各类模块中有很多关于随机数生成的函数。randomNumber 通过收集和重写这些函数将各种类型的随机数生成方法汇总到一个文件（randomNumber.py），以便日常使用。此实现的代码可用于其他客户端，也可用于其他 Python 库。在实际应用中也可以使用这些实现，但是前提是必须要清晰地阐明这些自定义 API。

1. API 设计

在进行 API 的设计时，要清晰地表述客户端对 API 的需求，并将其与代码分离。这种实践方法可避免重复修改代码，也可修改实现以获取更有效、更准确的结果。但是，在设计和实现时要格外谨慎，因为改变一个 API 往往会涉及所有客户端和模块实现代码的修改，所以一旦确定一个模块中的函数的 API 就应该尽量避免修改其实现功能。

程序 6-3　自定义随机数抽样模块（randomNumber.py）

```python
import random
from math import sqrt, log

def uniformInt(lo, hi):
    return random.randrange(lo, hi)

def uniformFloat(lo, hi):
    return random.uniform(lo, hi)

def bernoulli(p = 0.5):
    return random.random() < p

def binomial(n, p = 0.5):
    happen = 0
    for i in range(n):
        if random.random() < p:
            happen += 1
```

```
        return happen

# 利用 Box-Muller 变换
def normal(mu = 0.0, sigma = 1.0):
    r = 0.0
    while (r >= 1.0) or (r == 0.0):
        x = -1.0 + 2.0 * random.random()
        y = -1.0 + 2.0 * random.random()
        r = x*x + y*y
    z = x * sqrt(-2.0 * log(r)/r)
    return mu + sigma * z

def discrete(a):
    r = uniformFloat(0.0, sum(a))
    subtotal = 0
    for i in range(len(a)):
        subtotal += a[i]
        if subtotal > r: return i
```

程序 6-3 是一个自定义的随机数抽样模块，其定义了各种随机数的函数：随机抽样给定区间服从均匀分布的整数或浮点数，随机抽样布尔值（伯努利分布），从二项分布抽取的随机整数、从正态分布抽取随机浮点数、从给定离散分布抽取随机整数。

2. 单元测试（Unit testing）

自定义模块中应包含一个测试客户端函数 main()，并至少完成如下功能。

（1）运行所有的代码。

（2）证明代码运行正常。

（3）从命令行接收参数，以便进行灵活测试。

此时可以使用 main()函数对模块中的自定义函数进行调试、测试和改进。这种方法被称为"单元测试"。例如，针对模块 randomNumber 的一个测试函数和输出结果：如果函数是被正确定义的，那么输出中的第一列为均匀分布在整数范围[0，100]之间的整数；第二列为均匀分布在[0.0，100.0)之间的浮点数；第三列的值约一半为 1（True）；第四列的数值接近 40；第五列数值的平均值约等于 30；最后一列的数值不会远离 50% 0、30% 1、15% 2和 5% 3。当然，也可以通过键入"python randomNumber.py 100"来查看更多的结果。

```
def main():
    trials = int(sys.argv[1])
    for i in range(trials):
        print('{:2d} \t {:.2f} \t {:1d} \t {:2d} \t {:.2f} \t {:2d}'
              .format(uniformInt(0,100),uniformFloat(0, 100),
                      bernoulli(0.5), binomial(100, 0.4),
                      normal(30, 2), discrete([5, 3, 1.5, 0.5])))
if __name__ == '__main__': main()

% python randomNumber.py 10
24      31.30   1       38      30.91   2
18      31.29   0       43      30.90   0
29      45.83   1       39      33.65   0
```

67	16.87	0	35	28.37	2
5	89.85	1	44	32.89	1
95	9.06	1	41	29.99	3
87	15.22	0	52	28.54	3
28	69.80	1	44	26.04	2
41	32.80	0	39	31.08	1
31	60.94	1	52	31.01	0

　　单元测试是一件非常重要的事情，其本身也是一个重要的编程挑战。作者的建议是有必要在独立的客户端实施详尽的单元测试，以检查所生成的随机数是否真的符合预期。本书推荐尽量使用统计或者可视化的方法进行测试，这样可以非常容易地检验函数的定义是否准确和实用。如果生成随机数的代码存在错误，那么在图形中就很容易被发现。例如，下面的程序 6-4 就利用了可视化的方法测试正态分布的随机数抽样。

程序 6-4　测试正态分布的随机数抽样（normalTest.py）

```python
import sys
import turtle
from randomNumber import normal

def moveTurtle(x, y):
    turtle.penup()
    turtle.goto(x, y)
    turtle.pendown()

def drawAxes(scale = 100, col = 'black', size = 3):
    turtle.color(col)
    turtle.pensize(size)
    moveTurtle(-1*scale, 0)
    turtle.setheading(0)
    turtle.forward(2*scale)
    moveTurtle(0, -1*scale)
    turtle.setheading(90)
    turtle.forward(2*scale)

def drawCircle(x, y, r, col = 'black', size = 3):
    moveTurtle(x, y)
    turtle.pensize(size)
    turtle.color(col)
    turtle.circle(r, 360)

trials = int(sys.argv[1])
mu = float(sys.argv[2])
sigma = float(sys.argv[3])
turtle.speed(1000)  # 设置海龟移动的速度
turtle.Turtle().screen.delay(0)  # 取消画布延迟
drawAxes(scale = 450)  # 坐标系参考
drawCircle(mu, mu, r = 6, col = 'red')  # 中心点参考

for i in range(trials):
    r = 3.5
    x = normal(mu, sigma)
    y = normal(mu, sigma)
```

```
        moveTurtle(x, y)
        turtle.dot(r, 'blue')

turtle.done()
```

程序 6-4 利用可视化的方法测试了正态分布的随机数抽样。测试客户端同时画出了坐标系和中心点，这样可以让人很清晰地看到抽样数据的分布特征。绘图结果如图 6-2 所示。

```
% python normalTest.py 3000 150 100
```

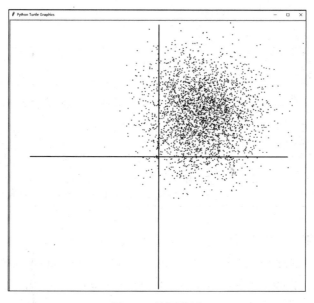

图 6-2　绘图结果

3. 压力测试（stress testing）

一个需要被广泛使用的模块还应该接受压力测试。压力测试可确保模块不会意外失败，即使在客户没有遵照契约或做出一些不存在假设的情况下。Python 的标准模块都已经接受过类似测试，也就是通过逐行仔细检查代码推断其在某些条件下是否会导致故障。如果某些数组元素为负，randomNumber.discrete() 会出现什么结果？如果参数是一个长度为 0 的数组会出现什么结果？如果 randomNumber.uniformInt() 的第 2 个参数小于第一个参数会出现什么结果？任何能想到的问题，甚至任何可能会出现的问题都必须考虑到。这些条件又被称为边界条件（corner case），大多数优秀的程序员都会尽早处理这些边界条件，以避免将来不愉快的调试过程。经验表明，利用独立的客户端进行压力测试是一个好的方法，读者应该学会这种方法，并形成严格测试的习惯。

6.4　自定义模块案例 2：数据统计与分析模块

接下来将自定义一个数据分析模块（dataAnalysis.py），该模块将包含源自科学和工程中各种各样应用的数据处理和基本可视化工具，这些数据处理包含了数据预处理、统计、数据分析、可视化等内容。在大数据时代，现代科学家面临的最重要的挑战之一就是如何正确分析数据，因此这类数据处理模块具有很强的实用性。实现这些数据处理的一系列函数并不是一件很困难的事情，表 6-3 总结了 dataAnalysis 模块的 API。

表 6-3　dataAnalysis 模块的 API

函数调用	功能描述
mean(a)	求数值数组 a[] 中各元素的平均值
var(a)	求数字数组 a[] 中各元素的样本方差
stddev(a)	求数字数组 a[] 中各元素的样本标准差
median(a)	求数字数组 a[] 中各元素的中位数
percentile(a, p = [0, 0.25, 0.5, 0.75, 1])	求数字数组 a[] 中各元素的百分位数，默认输出五数统计量（最大最小值和各四分位数）
drawAxes(coordinates = [–400, –400, 400, 400], nx = 10, ny = 10, col = 'black', size = 3)	设定画图区域并绘出坐标系，coordinates 用于确定左下角和右上角的坐标，nx 和 ny 用于确定坐标轴被多少等分，col 默认为黑色，size 为笔的宽度
plotPoints(a, r = 3, col = 'black')	绘制数字数组 a[] 中各元素的点图，r 表示点的大小，col 表示点的颜色
plotLines(a, r = 3, col = 'black')	绘制数字数组 a[] 中各元素的线图，r 表示线的粗细，col 表示线的颜色
plotBars(a, lenth, col = 'black', fillCol = 'gray')	绘制数值数组 a[] 中各元素的条形图，lenth 表示条形图的宽度，col 表示条形图的颜色，fillCol 表示条形图的填充色

1. 基本统计量

一组数据的常用统计量主要有均值（mean）、最小值（minimum）、最大值（maximum）、样本方差（sample variance）、样本标准差（sample standard deviation）及中位数（median）、四分位数（quartile）等，如表 6-3 所示。下面将编写一个集成的数据分析模块，实现对数据的基本统计分析，具体实现详见程序 6-5。类似地，这个自定义模块中也包含了基本测试函数，同时此模块需要在其他的客户端接受对每一个函数的测试。在调试或测试模块中的每一个新函数时，作者都会修改和完善相应代码。一个成熟且被广泛使用的模块都需要一个压力测试客户端，能够接受针对任何情况的测试。

程序 6-5　数据分析模块（dataAnalysis.py）

```
import math
def mean(a):
    return sum(a) / float(len(a))
def var(a):
    mu = mean(a)
    total = 0.0
    for x in a:
        total += (x - mu)*(x - mu)
    return total / (len(a) - 1)
def stddev(a):
    return math.sqrt(var(a))
def median(a):
    return percentile(a, p = [0.5])[0]
def percentile(a, p = [0, 0.25, 0.5, 0.75, 1]):
    a.sort()
```

```
        n = len(a)
        result = []
        for v in p:
            value = (n - 1) * v  # 注意这里是 n - 1
            if value == int(value):
                result += [a[value]]
            else:
                result += [a[int(value)] * (value - int(value)) +
                           a[int(value) + 1] * (int(value + 1) - value)]
        return result
def main():
    a = [1, 2, 3, 4, 5, 6, 7, 8, 9, 10, 11, 12]
    print('mean:', mean(a))
    print('stddev: {:.4f}'.format(stddev(a)))
    print('var: {:.4f}'.format(var(a)))
    print('median:', median(a))
    print('percentile: 0%, 25%, 50%, 75%, 100% 对应的分位数是:',
          percentile(a))
if __name__ == '__main__': main()
```

程序 6-5 在模块实现了计算数组中数值的均值、方差、标准差、中位数和百分位数的相关函数，其运行过程和结果如下。

```
% python dataAnalysis.py
mean: 6.5
stddev: 3.6056
var: 13.0000
median: 6.5
percentile: 0%, 25%, 50%, 75%, 100% 对应的分位数是: [1, 3.25, 6.5, 9.75, 12]
```

2. 数据分析与可视化

除了上面这些常用的统计量，表 6-3 还列出了一些绘图函数，可以基于一个数组输出相应的可视化图形。程序 6-6 是 dataAnalysis 模块中函数 plotPoints()、plotLines()和 plotBars()的一种实现。这些函数在绘图窗口的相等间隔区域中将显示参数数组中各元素的值，各数值点可使用线段（line）连接，或者使用圆形（point）填充，或者使用连接 x 轴的条形（bar）表示。所有的数值点的 x 坐标为 i，y 坐标为 $a[i]$，可分别使用填充圆形、连接线段或条形样式。数据将根据 x 轴被缩放以适应绘图窗口（以便数值点在 x 轴上均匀分布），y 轴的缩放由客户端控制。

程序 6-6　数据分析模块中的绘图函数（dataAnalysis2.py）

```
import turtle

def _moveTurtle(x, y):
    turtle.penup()
    turtle.goto(x, y)
    turtle.pendown()

def drawBar(lenth, hight, col = 'black', fillCol = 'gray'):
    turtle.color(col, fillCol)
    turtle.begin_fill()
```

```python
        turtle.setheading(0)
        turtle.fd(lenth)
        turtle.left(90)
        turtle.fd(hight)
        turtle.left(90)
        turtle.fd(lenth)
        turtle.left(90)
        turtle.fd(hight)
        turtle.end_fill()

def drawAxes(coordinates = [-400, -400, 400, 400], nx = 10, ny = 10,
             col = 'black', size = 3):
    llx = coordinates[0]
    lly = coordinates[1]
    urx = coordinates[2]
    ury = coordinates[3]
    turtle.setworldcoordinates(llx, lly, urx, ury)
    turtle.color(col)
    turtle.pensize(size)
    # 画出横轴
    _moveTurtle(llx, 0)
    turtle.setheading(0)
    turtle.fd((urx-llx))
    # 写横轴的坐标，写坐标时将按照纵轴下移 2*dif 的距离
    dif = (ury-lly)*(1/ny)/5
    _moveTurtle(llx, -2*dif )
    k = 0
    while k < nx:
        x = llx + k* (urx-llx)*(1/nx)
        _moveTurtle(x, -2*dif)
        turtle.write('{:.1f}'.format(x), align = 'left',  font =
                     ('Arial', '13', 'bold'))
        k += 1
    # 画纵轴和纵轴的坐标（可同时进行）
    _moveTurtle(0, lly)
    turtle.setheading(90)
    j = 0
    while j < ny:
        turtle.write('{:.1f}'.format(lly + j* (ury-lly)*(1/ny)),
                     align = 'right', font = ('Arial', '13', 'bold'))
        turtle.fd((ury-lly)*(1/ny))
        j += 1

def plotPoints(a, r = 3, col = 'black'):
    n = len(a)
    for i in range(1, n+1):
        _moveTurtle(i, a[i-1])
        turtle.dot(r, col)

def plotLines(a, r = 3, col = 'black'):
    turtle.pensize(r)
    turtle.color(col)
    n = len(a)
```

```
            for i in range(1, n):
                _moveTurtle(i, a[i-1])
                turtle.goto(i+1, a[i])

def plotBars(a, lenth, col = 'black', fillCol = 'gray'):
    n = len(a)
    for i in range(1, n+1):
        _moveTurtle(i, 0)
        hight = a[i-1]
        drawBar(lenth, hight, col, fillCol)

def main():
    a = [1, 2, 3, 4, 5, 6, 7, 8, 9, 10, 11, 12]
    drawAxes(coordinates = [0, 0, 13, 13], nx = 13, ny = 13)
    plotPoints(a, r = 8, col = 'blue')
    plotLines(a, r = 3, col = 'blue')
    plotBars(a, 0.3, col = '#ee7934', fillCol = '#86d2ec')
    turtle.done()
if __name__ == '__main__': main()
```

程序 6-6 实现了数据分析模块中用于绘图的几个函数。给定一个数组 a，这些函数就会设定合适的坐标系，然后分别使用点、线和条形图来绘制(i, a[i-1])。运行结果如图 6-3 所示。

% python dataAnalysis2.py

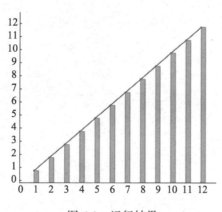

图 6-3　运行结果

6.5　自定义模块案例 3：二项分布、泊松分布和正态分布

统计学包含各种各样随机变量的概率分布，这一节将利用 Python 编程探讨二项分布、泊松分布和正态分布之间的关系。二项分布和泊松分布都属于离散分布，而正态分布则是连续分布。这里的问题是二项分布什么时候趋近于泊松分布，什么时候又趋近于正态分布呢？接下来将使用实验模拟的方法来解答这些问题，首先给出三者之间的关系，然后设计实验来验证这些关系。

Python 语言实践及数据分析

考虑一个二项分布，即 n 次独立重复的伯努利试验。如果 np 存在有限极限 λ（如 p 是 n 的一个函数，或者 n 较大，p 较小），则这列二项分布就趋于参数为 λ 的泊松分布。反之，如果 np 趋于无限大（如 n 较大，p 是一个定值），则根据中心极限定理，这列二项分布将趋近于正态分布。

在实际运用中，当 n 很大时一般都用正态分布来近似计算二项分布，但是如果同时 np 又比较小（比起 n 来说很小，如当 $n>20$，$p<0.05$ 时），那么用泊松分布近似计算更简单些，毕竟泊松分布跟二项分布一样都是离散型分布。下面设计实验模拟它们之间的关系。

1. 二项分布与泊松分布

二项分布是 n 个独立的"是/非"试验中成功次数的概率分布，其中每次试验的成功概率为 p，如投硬币问题。利用计算机产生 10000 个服从 $B(n, p)$ 的二项分布随机数，这就相当于进行了 10000 次实验，每次实验投掷了 n 次硬币，正面朝上的硬币数就是每次实验所产生的随机数。使用直方图函数可以绘制这些随机数的分布图。程序 6-7 提供了二项分布和泊松分布的实验模拟代码。

程序 6-7　二项分布、泊松分布与正态分布（bernoulli.py）

```python
import sys
import math
import turtle
import randomNumber as rn
import dataAnalysis as dA        # 我们将基本统计和绘图的函数统一封装在该模块

n = int(sys.argv[1])            # 每次实验抛硬币的次数
p = float(sys.argv[2])          # 正面向上的概率
trials = int(sys.argv[3])       # 实验次数

def factorial(n):
    result = 1
    for i in range(1, n+1):
        result *= i
    return result

freq = [0]*(n+1)                # 注意这里应该是 n+1
for i in range(trials):
    heads = rn.binomial(n, p)
    freq[heads] += 1

norm = [0.0]*(n+1)              # 标准化的二项分布，便于和其他分布比较
for i in range(n+1):
    norm[i] = freq[i]/trials

poisson = [0.0]*(n+1)           # 泊松分布
lamda = n*p
for i in range(n+1):
    poisson[i] = math.exp(-1*lamda)*lamda**i/factorial(i)

turtle.Turtle().screen.delay(0)  # 取消画布延迟
```

```
dA.drawAxes(coordinates = [0, 0, 1.2*n,  0.8], nx = 12, ny = 4)
dA.plotBars(norm, 0.6, col = '#ee7934', fillCol = '#86d2ec')
dA.plotBars(poisson, 0.4)
turtle.done()
```

程序 6-7 接收三个命令行参数，分别为 *n*（每次实验的抛硬币次数）、*p*（硬币正面朝上的概率）和 trials（实验次数），输出二项随机数的分布和参数为 *n**p 的泊松分布的条形图，其运行过程和结果如图 6-4 所示。

```
% python bernoulli.py 30 0.05 30000
```

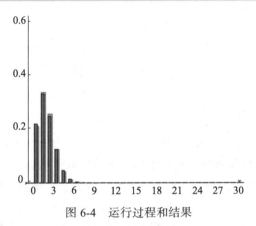

图 6-4　运行过程和结果

2. 二项分布、泊松分布和正态分布

下面将模拟当 *n* 足够大时三个分布的模拟情况。在程序 6-6 中添加正态分布概率密度函数的线型图，代码如下。

```
import gaussian as gau

phi = [0.0]*(n+1)  # 正态分布
avg = n*p
stddev = math.sqrt(n*p*(1-p))
for i in range(n+1):
    phi[i] = gau.pdf(i, avg, stddev)

turtle.Turtle().screen.delay(0) # 取消画布延迟
dA.drawAxes(coordinates = [0, 0, 1.2*n,  0.2], nx = 12, ny = 4)
dA.plotBars(norm, 0.6, col = '#ee7934', fillCol = '#86d2ec')
dA.plotBars(poisson, 0.5)
dA.plotLines(phi, r = 3, col = 'blue')
turtle.done()
```

上段程序输出了当 *n* 和 *p* 都相对较大时三个分布的条形图和线图。可以发现，此时二项分布不能用泊松分布拟合，但是能够很好地用正态分布拟合，其运行过程和结果如图 6-5 所示。

```
% python bernoulli.py 100 0.4 30000
```

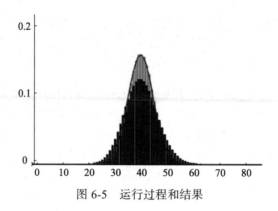

图 6-5　运行过程和结果

6.6　小　　结

1. 模块的本质和使用

模块本质就是.py 结尾的 Python 文件，用于从逻辑上组织 Python 代码（变量、函数、类、逻辑）。Python 程序可被看作一系列语句或一系列函数（包括全局代码）乃至一系列文件，每个文件都是一个独立的模块，每个模块可以包括若干函数。因为每个函数都可以调用其他模块中的函数，所以所有的代码都可被看作相互调用的函数组成的网络。在编程时开发者需要将程序任务分解为模块，单独实现每个模块并调试，以降低程序开发的复杂度。

2. 模块使用的意义

到目前为止，本书已编写的程序包含的 Python 代码都位于一个单独的.py 文件中。但多数大型程序并没有把所有的代码集合于一个单独源文件中的限制。通过使用模块，Python 可以很容易地调用其他文件中定义的函数，这种能力具有如下两个重要意义。

首先，代码重用成为可能。程序员可以直接调用模块使用已经编写并调试完毕的代码，而不用复制源代码。定义可重用代码的能力是现代程序设计语言最基本的组成部分，这扩展了 Python，用户可自己定义并使用自己定义的各种运算和操作。

其次，模块化程序设计成为可能。程序不仅可以拆分为函数，还可以将类似的一系列函数保存在不同的源文件中，按应用程序的需求进行分组。模块化程序设计十分重要，它允许一次编写和调试一个大型程序的一部分，将每个编写好的部分保存在独立的文件中供以后使用，且无须再次关注已编写好的部分的细节。用户可以编写在任何程序中都能使用的函数模块，各模块被保存在独立的文件之中，模块中的函数可以被其他任何程序调用。更为重要的是，定义自己的模块十分容易。定义模块并在多个程序中使用自定义模块的能力是编写解决复杂任务的程序的关键。

最后，笔者再次强调这一程序设计理念：任何时候，只要可以在计算任务中清晰地分离任务，就应该使用函数和模块来分离任务。

3. Python 模块化程序设计中的常见错误和注意事项

在本章节，初学者常见的编程错误或注意事项主要如下。

（1）在试图导入模块时，（如当试图导入 gaussian 模块时），没有设置 gaussian 模块，会出现如下错误。

```
ImportError:No module named gaussian
```

（2）当程序中缺少 import 语句（例如，缺少 import gaussian 语句），则试图调用模块（例如，gaussian.pdf()函数）时，会导致如下错误。

```
NameError : name gaussian is not defined
```

（3）在 Python 中，每个模块都会维护一个独立的命名空间，只有通过正确的模块名称才能正常使用模块中的函数。在使用 Python 标准库模块中的函数时，首先要导入该模块，调用函数时则要先写模块名。

（4）不存在一个关键字用于把一个.py 文件标记为模块（而不是脚本程序）。从技术上而言，关键点在于避免使用任意全局代码。如果一个.py 文件中没有使用任意全局代码，则该.py 文件可被导入其他.py 文件，此时我们称之为模块。实际上，此观点存在一点点概念的跳跃：创建一个用于运行的.py 文件是一回事（可能在今后使用不同数据运行该程序）；而创建一个将来供其他模块使用的.py 文件则是另一回事；创建一个将来供其他用户使用的.py 文件则又是另一回事。

（5）为一个已经使用了一段时间的模块开发一个新的版本时，必须小心谨慎。任何针对 API 的修改都有可能导致客户端程序无法正确运行，所以建议最好在单独的目录中修改。如果修改一个包括众多客户端的模块，则可能面临非常多的困难。如果你仅仅想在一个模块中增加若干函数，则可放心大胆地去做，增加函数通常没有什么危险。

6.7 习　　题

1. 请编写一个模块 matrix，实现如下功能并编写测试程序。
   （1）创建一个 $m \times n$ 的矩阵。
   （2）创建一个 $n \times n$ 的单位阵。
   （3）计算两个向量的点积。
   （4）计算两个矩阵的乘积。
   （5）计算矩阵和数字的数量积。
   （6）计算矩阵的转置。
   （7）计算矩阵的和与差。
   （8）计算矩阵的逆矩阵。

2. 请编写一个 6 位随机验证码程序（使用 random 模块），并确保验证码中至少包含一个数字、一个小写字母、一个大写字母。

3. 请编写一个函数，函数的参数为：浮点数 ymin 和 ymax（其中 ymin 小于 ymax）、浮点型数组 a[]，对数组 a[]中的所有元素进行线性缩放，以保证数组元素的所有值都位于 ymin 和 ymax 之间。

4. 请编写一个函数，函数的参数为：浮点型数组 a[]和一个二元变量，实现对数组 a[] 中的所有元素的映射。当二元变量为 0 时，进行离差映射；否则进行 Z 标准化映射。结合上一个题目，自定义一个数据标准化的模块并编写测试客户端。

5. 请修改程序 bernouli.py，为程序添加一个额外的命令行参数 p，用于指定投掷硬币结果为正面的概率 p。实施模拟实验以测试不同的参数 p 会对结果造成什么影响、硬币投掷结果的分布会发生什么变化。请尝试 p 的值接近于 0 或者接近于 1 的情况。

6. 掷骰子（Crap）。以下是一个掷骰子游戏。

游戏基本玩法为：每人 6 枚骰子各摇一次，看清自己盅内的点数，同时猜测对方的点数。然后从庄家开始吆喝所有参与者骰盅内共有多少个某点数的骰子，叫法为 M 个 N（如 2 个 3 点，2 个 6 点，3 个 4 点等）。

下家判断此叫法真实与否，信之为真则下家接着叫，叫法同样为 M 个 N，但 M 和 N 中至少有一个数要大于上家所叫之数（如，上家叫 2 个 5 点，下家叫 2 个 6 点、3 个 4 点、4 个 5 点等均属合法）。

若下家不信则开盅验证，计算所有人的骰盅内的有该点数的骰子个数之和，若确实有 M 个 N 点，则上家赢，反之则下家赢（如上家叫 5 个 6 点，开盅时若只有 4 个 6 点，则上家输，若有 5 个或更多 6 点，则下家输）。

另外，该游戏还有些附属的规则：①1 点可变作任意点数；②单骰（即自己的 5 粒骰子里没有重复的点数）可以重摇。

编写程序，给出两个人玩该游戏时的一些合理建议。

参考答案如下。

```python
import random

def go_on(m, n, dice_n = 6):
    m1, n1 = list(map(int, input('猜里面有几个几? ').split()))
    while True:
        if m < m1 <= 2*dice_n or n < n1 <= 6: return m1, n1
        else: print('Error!')
def game(person_n, dice_n = 6):
    dices = [[random.randint(1, 6) for _ in range(dice_n)] for _ in
                range(person_n)]
    print(dices)
    m = n = 0
    label = True
    while label:
        m, n = go_on(m, n, dice_n)
        label = True if input('Choose "True" or "False": ').lower()\
                == 'true' else False
    m_real = 0
    for dice in dices:
        m_real += dice.count(n)
    if m <= m_real:
        print('下家输')
        return
    else:
```

```
        print('上家输')
        return

def main():
    people = int(input("请输入参与游戏的人数(大于 0 的整数)："))
    game(people, 6)
if __name__ == '__main__': main()
```

自学自测   扫描此码

第7章

面向对象的程序设计

引言

Python 程序设计采用的是**面向对象的程序设计**（Object Oriented Programming, **OOP**）方法，即把大型和复杂的程序分解为一系列交互的元素或对象。截至目前，本书已经介绍了 Python 内置的数据类型（如字符串、整数、数组等）。本章将介绍高级数据类型。

定义一种新的数据类型并处理这些数据类型的对象（如计算等）被称为数据抽象。所谓的抽象，本质上是对某种事物的一种描述，这种描述强调的是抓住事物的本质而忽略其不重要的细节，也就是"抓主要矛盾"。在编程时可以把各种事物或实体抽象成为一种数据类型的对象，如人、建筑物、电子，甚至颜色、图像等。

本章首先介绍关于面向对象的程序设计的一些基本概念，然后介绍几个自定义的数据类型的应用示例，最后给出创建数据类型的基本操作方法和步骤。本章遵循的设计理念是：**在计算中，当数据和相关的计算机任务可以被清楚地分开时，则必须分开。**

课程素养

面向对象的程序设计复现了从特殊到一般，从具体到抽象的理解问题、解决问题的过程。其中类的继承性就好比中国优秀文化的传承与发扬，提高了中华民族的文化自信。

思政案例

调 和 级 数

调和级数的一般项越来越小，且无限趋近于零，但是和却为无穷大，可以说调和级数把无限累积的力量体现得淋漓尽致，点点滴滴也可以汇聚成河。"勿以恶小而为之，勿以善小而不为"，要铭记"养小德才能成大德"。

教学目标

讨论面向对象的程序设计方法。主要目标是：①理解面向对象程序设计的概念；②掌握现有数据类型的使用方法；③掌握创建新数据类型的方法。

本章所有程序一览表

程序名称	功能描述
程序 7-1（elephant.py）	定义一个类
程序 7-2（albers.py）	亚伯斯正方形
程序 7-3（luminance.py）	颜色的亮度模块
程序 7-4（grayGraph.py）	图像的灰度转换
程序 7-5（scale.py）	图像的缩放
程序 7-6（color.py）	自定义数据类型 Color
程序 7-7（die.py）	掷骰子
程序 7-8（woe.py）	基于等距分箱的 woe 转化

7.1　面向对象技术简介

面向对象是一种编程范例，它提供了一种结构化程序的方法，以便将属性和行为捆绑到单个对象中，例如，对象可以具有姓名、年龄、地址等属性，具有行走、说话、呼吸等行为。面向对象编程是最有效的软件编写方法之一，如今面向对象编程的流行度与接受度远超其他编程风格。Python 语言在整体设计上深受面向对象思想的影响。在 Python 中，万物皆对象，因此了解和学习本章至关重要。本节分为三部分，首先介绍类和对象的基本概念，然后介绍方法，最后对面向对象的三大特性：封装性、继承性和多态性进行介绍。

7.1.1　类与对象

1. 类

中国有一句古话"物以类聚，人以群分"，指的是同类的东西常常聚在一起。所谓同类，事实上就是这些对象具有相同的属性，有类似的行为。在 Python 中，定义一个数据类型的过程被称为数据抽象。把一个数据类型实现为一个类，那么类就是实践面向对象编程时最重要的工具之一。

类包含描述类特征的属性，以及描述类行为的方法。例如，自定义一个数据类型用来描述带电粒子，也就是把带电粒子定义为一个类，这个类中的对象具有坐标并携带一定电荷量。根据库仑定律，带电粒子在给定位置点的电势可以表示为：$V = kq / r$，其中 q 表示电荷量（库仑），r 表示粒子与给定位置的距离（米），$k = 8.99e9 \text{Nm}^2/\text{C}^2$ 被称为静电常数或库仑常数，是一个常量。图 7-1 给出了这个带电粒子类的一个定义，里面的 __init__() 函数将在第 7.1.2 节中介绍，需要注意的是在定义这个类之前需要先导入 math 模块。

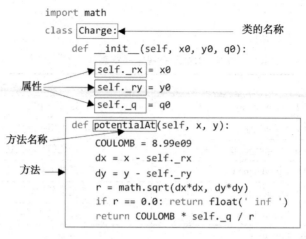

图 7-1　一个类的示例

2. 对象

本节学习的对象实际上是一种封装的思想，面向对象的灵感来源是真实世界，这种方法把数据和代码都封装在了一起。所谓封装，就是把类似的内容放在一起，例如，把各种类型的数据扔进列表里是数据层面的封装；把常用代码段打包成一个函数是语句层面的封装。

打个比方，大象就是真实世界中的一个对象，那么通常应该如何描述这个对象呢？是不是可以把它分为两部分来说？①可以从静态的特征来描述它，例如，灰色的，有四条腿，有大耳朵，还有个长鼻子。②可以从动态的行为来描述，例如，它会走，如果遇到危险它还会跑。Python 中的对象也是如此，一个对象的特征被称为"属性"，一个对象的行为被称为"方法"。如果把"大象"写成代码，将会是下面这样的。

程序 7-1　elephant.py

```python
class Elephant:      # Python 中的类名约定以大写字母开头
    color = 'gray'  # 特征的描述被称为属性，在代码层面看其实就是变量
    weight = 1000
    legs = 4
    ears = 'big'

    def run(self): # 方法实际就是函数，通过调用这些函数可以完成某些工作
        print("I am running.")
    def eat(self):
        print("I am eating.")
```

以上代码定义了对象的特征（属性）和行为（方法），但这还不是一个完整的对象。还需要使用类创建一个真正的对象，这个对象就被称为这个类的一个**实例**（instance），也叫**实例对象**（instance objects）。

打个比方：盖房子事先要有图样，但光有张图样显然是不够的，图样只能描述这个房子长什么样，但它并不是真正的房子，根据图样用钢筋水泥建造出来的房子才能住人，才

是真正的房子。另外，根据一张图样能盖出很多房子，所以，图样就好比类，而根据图样造出来的房子就好比实例对象。接下来创建真正的实例对象。

```
from elephant import Elephant

elephant1 = Elephant()
elephant2 = Elephant()
elephant3 = Elephant()
```

类、类对象和实例对象的关系可以用图 7-2 表示。

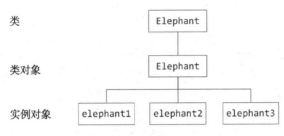

图 7-2　类、类对象和实例对象的关系

7.1.2　方法

一个数据类型是一系列值及定义在这些值上的一系列操作的集合。Python 内置数据类型包括 int、bool、float 和 str，Python 程序中所有的数据都可以被表示为对象以及对象之间的联系。前文专注于使用与内置数据类型相关联的运算操作处理这些数据类型的对象，本节开始将把这些概念有机地结合在一起。

在前文涉及的程序中，作者使用了内置运算符实现数据类型的运算操作。本节介绍的方法是更为普遍的数据类型运算操作：方法是与特定对象（即与对象的数据类型）关联的函数。也就是说，方法对应于数据类型的运算操作。

调用方法的语法是使用变量名，首先后跟一个点运算符（.），然后跟方法名，最后跟实参列表。实参列表以逗号分隔，并被放在括号中。例如，Python 的内置数据类型 int 包含一个名为 bit_length() 的方法，所以通过如下语句可以确定一个 int 值的二进制值的位数。

```
x = 3**100
bits = x.bit_length()
print(bits)
```

上述代码片段在标准输出将写入 159，表示 3^{100}（一个超大的数）对应的二进制数占 159 个二进制位。

1. 方法与函数

方法的调用语法和行为与函数几乎一样。例如，一个方法可以带任意多个参数，这些参数将作为对象引用而得到传递，最后方法返回一个值给调用者。同样，一个方法调用也是一个表达式，所以可以在程序中任何可以使用表达式的地方调用方法。事实上，方法就是在类里定义的函数，前文提到的有关函数的一切都适用于方法。

图 7-3 是一个方法的剖析图。代码的第一行为方法签名：关键字 def，方法名称，包含在括号中的参数名称，以及一个冒号。每个方法的第一个参数变量名为 self。当客户端调用一个方法时，Python 将自动设置 self 参数变量为指向当前操作的对象的引用，即用于调用方法的对象。

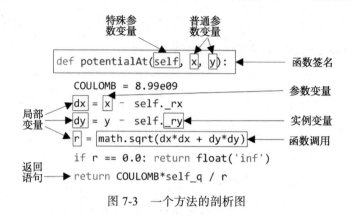

图 7-3   一个方法的剖析图

方法在本质上就是函数，其可以被看作定义在类中与一个对象关联的特殊类型的函数。方法可以接收任意数量的参数，也可以通过默认参数指定可选参数，并且返回值给调用者。例如，客户端通过如下代码来进行方法的调用。

```python
class Animal:
    def drinking(self):      # 定义一个方法
        print('正在喝水')

animal = Animal()
animal.drinking()            # 调用对象 animal 中的 drinking 方法
```

输出结果如下。

```
正在喝水
```

函数与方法最主要的区别在于方法与特定的对象关联，因此可以认为这个特定的对象是传递给函数的一个额外参数。在客户端程序代码中，通过点运算符左侧的名称可区分方法调用和函数调用：函数调用通常使用一个模块名，而方法调用则通常使用一个变量名。两者的区别如图 7-4 所示，表 7-1 总结了两者的区别，方法的最终目的是改变实例变量的值，而不是返回一个值到客户端。

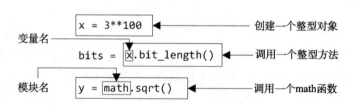

图 7-4   函数与方法的区别

表 7-1　方法调用和函数调用

	方法	函数
调用样式	x.bit_length()	math.sqrt()
使用方式	变量名	模块
参数	对象引用和参数	参数
主要目的	操作对象值	计算参数值

2. 方法中的变量

为了理解方法的实现，首先应该了解方法通常包含的三种类型的变量，这一点十分重要。这三种类型的变量分别如下。

（1）self 对象的实例变量。

（2）方法的参数变量。

（3）局部变量。

实例变量与参数变量和局部变量有着明显的差异：在给定时刻，每个局部变量或参数变量对应一个唯一的值，但是每个实例变量则可能对应多个值——数据类型的每个对象实例对应一个值。这种处理不存在二义性，因为每次调用一个方法时，会通过一个对象进行调用，实现代码则可以直接通过 self 参数变量引用该对象的实例变量。请务必理解这三种类型变量之间的区别，这也是面向对象程序设计的一个关键。三种类型变量之间的区别总结如表 7-2 所示。

表 7-2　方法中的三种类型变量之间的区别

变量名称	变量用途	应用示例	作用范围
参数变量	将参数从客户端传递到方法	self, x, y	方法中
实例变量	数据类型的值	_rx, _ry	类中
局部变量	方法中临时使用	dx, dy	方法中

3. 魔法方法

魔法方法（有人也称之为魔术方法）是可以给类增加魔力的特殊方法，如果对象实现了这些方法中的某一个，那么这个方法就会在特殊的情况下被 Python 调用，而这一切都是自动发生的。Python 的这些具有魔力的方法总是被左右两个下画线所包围，这里就只讲其中一个最基本的特殊方法：__init__()，这个方法通常被称为构造方法。

构造方法是类中定义的特殊方法，该方法负责在创建对象时对对象进行初始化，每个类都默认有一个__init__()方法，如果一个类中显式地定义了__init__()方法，那么创建对象时 Python 就会调用显式的__init__()方法，否则调用默认的__init__()方法。构造方法可以分为无参构造方法和有参构造方法，当使用无参构造方法创建对象时，所有对象的属性都有相同的初始值；当使用有参构造方法创建对象时，实例化对象时传入的参数会自动传入__init__()方法中，使对象的属性可以有不同的初始值。下面给出两个示例代码分别展示无参和有参构造方法。

首先是无参构造方法。

```
class Car:
    def __init__(self):
        self.color = '红色'
    def drive(self):
        print(f'车的颜色为: { self.color }')
car_one = Car()              # 创建对象 car_one 并初始化
car_one.drive()
car_two = Car()              # 创建对象 car_two 并初始化
car_two.drive()
```

输出结果如下。

```
车的颜色为: 红色
车的颜色为: 红色
```

有参构造方法则如下所示。

```
class Car:
    def __init__(self, color):
        self.color = color      #将形参赋值给属性
    def drive(self):
        print(f'车的颜色为: { self.color }')
car_one = Car('红色')         # 创建对象 car_one 并根据实参初始化
car_one.drive()
car_two = Car('紫色')         # 创建对象 car_two 并根据实参初始化
car_two.drive()
```

输出结果如下。

```
车的颜色为: 红色
车的颜色为: 紫色
```

7.1.3　面向对象的三大特性

1. 封装性

封装是面向对象编程里的一个重要概念，将客户端和实现分离开从而隐藏信息的过程被称为封装。实现的细节对客户端不可见，实现代码也无从知晓客户端代码的细节。在 Python 中，所有的类属性和方法默认都是公开的，如果希望它是私有的（即不能被外部访问），那么可以通过添加双下画线前缀的方式把其标识为私有，属性和方法都是如此。例如，下面所展示代码就会报错，因为__name 表示这是一个私有属性，无法被外部访问。

```
class Animal:
    __name = 'elephant'      # 定义一个私有属性
    def __drinking(self):    # 定义一个私有方法
        print('正在喝水')
```

```
animal = Animal()
print(animal.__name)
```

同样,私有方法也无法被外部访问,即便将 print(animal.__name)改成 animal.__ drinking()
也依然会报错。

需要注意的是,虽然私有成员无法被类的对象获取,却可以被类中的其他成员使用,
例如下面所示代码就能正常运行。

```
class Animal:
    __name = 'elephant'    # 定义一个私有属性
    def  drinking(self):  # 定义一个方法
        print(f'{self.__name}正在喝水')
animal = Animal()
animal.drinking()
```

输出结果如下。

```
elephant 正在喝水
```

2. 继承性

Python 提供定义类之间关系的语言支持被称为**继承**。继承是一种允许程序员无须从头
重新编写类就可以直接修改一个类的行为和增加类的功能的技术。一个类继承另一个类时,
将自动获得另一个类的所有属性和方法,原有的类被称为父类,而新的类被称为**子类**。继
承可分为单继承和多继承,顾名思义,单继承即一个子类继承一个父类,而多继承则是一
个子类继承多个父类,需要注意的是,子类同样不能直接访问父类中的私有成员。下面给
出了单继承和多继承的示例代码。

```
class Animal:
    def  drinking(self, name):  #定义一个方法
        print(f'{name}正在喝水')


class Zoo:
    def  living(self, name):
        print(f'{name}住在动物园里')


# 单继承
class Elephant(Animal):              # Elephant 继承 Animal
    pass                         # 完全继承父类, 不重写父类中的方法和属性
elephant = Elephant()
elephant.drinking('elephant')


# 多继承
class Pig(Animal, Zoo):            # Pig 继承 Animal 和 Zoo
    pass
pig = Pig()
pig.living('pig')
```

```
pig.drinking('pig')
```

输出结果如下。

```
elephant 正在喝水
pig 住在动物园里
pig 正在喝水
```

3. 多态性

多态性是面向对象的重要特性之一，它的直接表现是让不同类的同一功能可以通过同一接口调用，并表现出不同的行为，常被用在继承关系上。例如，定义一个 Cat 类和一个 Dog 类，为这两个类都定义 shout()方法，然后定义一个接口，通过这个接口调用 Cat 类和 Dog 类中的 shout()方法，下面给出示例代码。

```
class Animal:                        # 定义一个 Animal 类
    def shout(self):
        pass                         # 使结构完整
class Cat(Animal):                   # 定义一个 Cat 类，并让其继承 Animal
    def shout(self):
        print('喵~')
class Dog(Animal):                   # 定义一个 Dog 类，并让其继承 Animal
    def shout(self):
        print('汪！')

def shout(animal: Animal):           # 传入一个 animal 对象，其类型是 Animal
    animal.shout()

cat = Cat()
dog = Dog()
shout(cat)
shout(dog)
```

输出结果如下。

```
喵~
汪！
```

利用多态这一特性编写代码不会影响类的内部设计，但可以提高代码的兼容性，让代码更加灵活。

7.2　使用数据类型

7.2.1　字符串

str 的值由一系列字符组成，通过拼接运算可连接两个 str 值，从而产生一个新的 str 类型结果值。前文使用 str 的经验表明，使用一个数据类型时无须理解其具体实现。

Python 内置的 str 数据类型包括许多其他的运算操作，其一部分常用的 API 如表 7-3

所示。str 是 Python 语言最重要的数据类型之一，字符串是编译和执行 Python 程序及执行其他许多关键计算的核心。

表 7-3　Python 内置的 str 数据类型的 API（部分内容）

基本操作	功能描述
len(s)	字符串 s 的长度
s + t	拼接两个字符串 s 和 t，生成一个新的字符串
s += t	拼接两个字符串 s 和 t，并将拼接结果赋值给 s
s[i]	字符串 s 的第 i 个字符
s[i:j]	字符串 s 的第 i 到第 j 个字符
s[i:j:k]	字符串 s 从 i 到 j 的切片，步长为 k
s < t	字符串 s 是否小于字符串 t
s <= t	字符串 s 是否小于或等于字符串 t
s == t	字符串 s 是否等于字符串 t
s != t	字符串 s 是否不等于字符串 t
s >= t	字符串 s 是否大于或等于字符串 t
s > t	字符串 s 是否大于字符串 t
s in t	字符串 s 是否是字符串 t 的子字符串
s not in t	字符串 s 是否不是字符串 t 的子字符串
s.count(t)	字符串 t 在字符串 s 中出现的次数
s.find(t, start)	在字符串 s 中搜索指定的字符串 t，返回第一次出现的索引下标。如果找不到则返回-1。从指定的 start（默认为 0）索引开始查找
s.upper()	将字符串 s 所有的小写字母转换为大写字母后，返回 s 的副本
s.lower()	将字符串 s 所有的大写字母转换为小写字母后，返回 s 的副本
s.startswith(t)	字符串 s 是否以 t 开头
s.endswith(t)	字符串 s 是否以 t 结尾
s.strip()	去除字符串 s 开始和结尾的所有空格后，返回 s 的副本
s.replace(old, new)	将字符串 s 中所有的 old 替换为 new 后返回 s 的副本
s.split(delimiter)	按指定字符串 delimiter（默认为空格）分割字符串 s 后，返回 s 的字符串数组
delimiter.join(a)	拼接 a[]中的字符串，各字符串之间以 delimiter 分隔

仔细阅读表 7-3 可以发现 str 的 API 中运算操作可以分为如下三个类别。

（1）内置运算符："+""+=""[]""[:]"、in、not in 及比较运算符，其特征是使用特别的符号和语法。

（2）内置函数：len()，使用标准函数调用语法。

（3）方法：upper()、startswith()、find()等，在 API 中使用变量名跟点运算符区分。

1. 内置运算符

如果一个运算符（或函数）可应用于多个数据类型，则其被称为具有多态性（polymorphic）。多态性是 Python 程序设计中的一个重要功能特点，若干内置的运算符支持多态性，允许用户使用熟悉的运算符编写简单的代码以处理任何数据类型。前文已经将

运算符 "+" 用于数值加法、字符串拼接等运算。表 7-3 中的 API 表明运算符 "[]" 可用于数组运算，从字符串中抽取一个字符；"[:]" 运算符可用于从字符串中抽取一个子串。并不是所有的数据类型都提供所有的运算符实现，例如，字符串数据类型不支持运算符 "/"，因为两个字符串的相除没有任何意义。字符串运算符的示例如表 7-4 所示。

其假设 "a = 'now is '" "b = 'the time '" "c = 'to'"。

表 7-4   字符串运算符的示例

调用	返回值	调用	返回值
len(a)	7	a + c	'now is to'
a[4]	'i'	b.replace('t', 'T')	'The Time'
a[2:5]	'w i'	a.split()	['now', 'is']
c.upper()	'TO'	b == c	False
b.startswith('the')	True	a.strip()	'now is'
a.find('is')	4		

2. 内置函数

Python 还内置了若干多态性函数（如 len()函数），它们可被用于多种数据类型。如果一个数据类型实现了该函数，那么 Python 会自动根据参数的数据类型调用其实现。多态性函数与多态性运算符类似，但不使用特别的语法。

3. 方法

创建 Python 数据类型的主要工作是开发用于操作对象值的方法，例如，upper()、startswith()、find()及 str 数据类型 API 中列举的其他方法。

事实上，三种运算操作的实现方法是一致的。Python 自动将内置运算符和内置函数映射到特殊方法，特殊方法约定使用名称前后带双下画线的命名规则。例如，s + t 等价于方法调用 s.__add__(t)，而 len(s)等价于函数调用 s.__len__()。作者从不在客户端程序中使用双下画线的命名方式，但可以使用双下画线的命名方式实现特殊方法。表 7-5 列举了若干典型的字符串处理代码应用示例，用于描述 Python 的 str 数据类型的不同运算操作。

表 7-5   典型的字符串处理代码

代码功能	代码片段
DNA 翻译为 mRNA（用 'U' 替换 'T'）	```def translate(dna): dna = dna.upper() rna = dna.replace('T', 'U') return rna```
字符串 s 是否为回文	```def isPalindrome(s): n = len(s) for i in range(n // 2): if s[i] != s[n-1-i]: return False return True```
从命令行参数中抽取文件主名和扩展名	```s = sys.argv[1]dot = s.find('.')base = s[:dot]extension = s[dot+1:]```

代码功能	代码片段

字符串数组是否按从小到大的顺序（升序）排序	`def isSorted(a):`
	`    for i in range(1, len(a)):`
	`        if a[i] < a[i-1]:`
	`            return False`
	`    return True`

7.2.2 颜色（自定义）

计算机经常需要查看和处理彩色图像,颜色是计算机图形学中一个被广泛应用的抽象。在专业的印刷、打印、Web 等领域，处理颜色是一个很复杂的任务。例如，彩色图像的呈现在很大程度上取决于所使用介质的存在方式。本小节将讨论如何使用计算机编程来进行颜色的设计和应用,相关的 Color 数据类型定义在模块 color.py 中,Color 数据类型(color.py)的 API 如表 7-6 所示。

表 7-6　Color 数据类型（color.py）的 API

运算操作	功能描述
Color(r, g, b)	创建一种红、绿、蓝分量值分别为 r、g、b 的新颜色
c.getRed()	获取颜色 c 的红分量值
c.getGreen()	获取颜色 c 的绿分量值
c.getBlue()	获取颜色 c 的蓝分量值
str(c)	'(R, G, B)'（颜色 c 的字符串表示）

Color 类型使用 RGB 颜色模型表示颜色值，即一种颜色由三个取值范围从 0 到 255 的整数确定，分别表示颜色的红、绿、蓝分量的强度。其他颜色值通过混合红、绿、蓝分量获得。使用这种模型可以表示 256^3（大约 1670 万）种不同的颜色。几种常用颜色的 RGB 颜色值如表 7-7 所示。

表 7-7　几种常用颜色的 RGB 颜色值

red	green	blue	颜色
255	0	0	red（红）
0	255	0	green（绿）
0	0	255	blue（蓝）
0	0	0	black（黑）
100	100	100	dark gray（深灰色）
255	255	255	white（白）
255	255	0	yellow（黄）
255	0	255	magenta（品红）
6	50	250	用户自定义的一种蓝色

Color 类包含一个带 3 个整数参数的构造函数,所以编写如下代码可以分别创建纯红和纯蓝颜色值。

```
red = color.Color(255, 0, 0)
blue = color.Color(0, 0, 255)
```

程序 7-2（albers.py）是 Color 类的一个客户端程序，用于各种与颜色有关的实验（亚伯斯正方形）。程序从命令行接收两个颜色的参数，并通过绘图显示两种颜色。此处的主要目的是使用 Color 类作为阐述面向对象程序设计的一个例子。使用不同的参数运行该程序将发现，像 albers.py 一样的简单程序是研究色彩交互的有趣方式。接下来将选择一个颜色属性作为示例，演示编写面向对象的代码处理抽象概念（如颜色）是一种方便、实用的方法。

程序 7-2　亚伯斯正方形（albers.py）

```
import sys
from color import Color
import turtle

def filledSqare(x = 0, y = 0, c = 100, color = 'WHITE'):
    turtle.penup()
    turtle.goto(x, y)
    turtle.pendown()
    turtle.pensize(2)           # 画笔大小
    turtle.pencolor(color)      # 画笔颜色
    turtle.fillcolor(color)     # 填充颜色
    turtle.begin_fill()         # 开始填充
    for i in range(4):
        turtle.forward(c)       # 前进 c
        turtle.left(90)         # 左转 90 度
    turtle.end_fill()           # 结束填充

turtle.Screen().colormode(255)
r1 = int(sys.argv[1])
g1 = int(sys.argv[2])
b1 = int(sys.argv[3])
r2 = int(sys.argv[4])
g2 = int(sys.argv[5])
b2 = int(sys.argv[6])

c1 = Color(r1, g1, b1)
c2 = Color(r2, g2, b2)
filledSqare(-100, -100, 200, c1)
filledSqare(-50, -50, 100, c2)

turtle.done()
```

程序 7-2 从命令行接收两个 RGB 方式的参数值作为需要显示的颜色信息，采用约瑟夫·亚伯斯于 20 世纪 60 年代开发的格式显示这两种颜色并进行对比。程序 7-2 的运行结果如图 7-5 所示。

```
% python albers.py 6 50 250 100 100 100
```

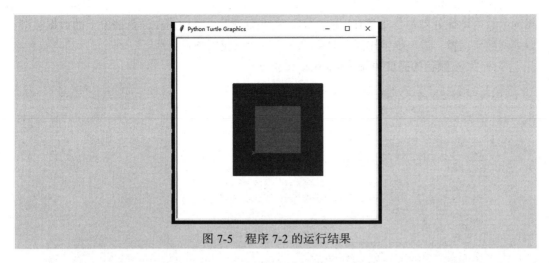

图 7-5　程序 7-2 的运行结果

在处理图像的颜色时，有几个非常重要的概念，下面将分别介绍关于颜色的亮度（luminance）、灰度（grayscale）和颜色兼容性（compatibility）的概念。

1. 亮度

亮度是一种颜色属性。每种颜色都对应一个亮度，被称为单色亮度或有效亮度。亮度在本质上是人眼对红、绿、蓝这三种颜色的敏感度，其公式也来自此。亮度可以看作三种颜色分量强度的线性组合：如果一种颜色的 r、g、b 三色分量值已知，那么就可以利用下面的加权公式计算其亮度。

$$Y = 0.299r + 0.587g + 0.114b$$

其中，各颜色分量的取值范围为 0 到 255 的整数。显然，亮度的取值范围也是 0 到 255 间的实数。

2. 灰度

当三种颜色分量的强度相同时，RGB 颜色就会显示灰度颜色，其灰度的强度也会位于全黑（全 0）到全白（全 255）之间。人们平时看到的黑白图像往往是彩色图像的一种灰度转化，方法是将红、绿、蓝分量值替换为其单色亮度值相同的灰度颜色。

3. 颜色兼容性

两种颜色的兼容性指的是当一种颜色作为背景时，另一种同时出现的颜色的可阅读性。如果两种颜色对比明显，图像看上去就容易阅读；相反，如果两种颜色对比不明显，那么图像就不太容易阅读。人们一般使用颜色的亮度值来判断两种颜色的兼容程度，经验方法是，前景色和背景色的亮度差应该至少为 128，此时图像清晰，容易观赏。例如，最常用的是白色背景和黑色文字搭配，其亮度的差为 255。可以尝试在蓝色背景色上写黑色的文字，此时的亮度差较小，这时会发现阅读文字很不舒服。这个经验法则在广告设计、路标、网站等各类应用场景中都很重要。

程序 7-3 是一个计算颜色亮度，将彩色转化为同亮度灰度，同时判断两种颜色是否兼容的颜色处理模块。该模块基于上面的颜色对象。关于颜色的数据抽象及在颜色上定义的系列函数对图像处理都是非常有用的。接下来将会开发一个构建在颜色抽象上的数据类型以处理数字图像，进一步阐述面向对象的程序设计的应用场景。

程序 7-3　颜色的亮度模块（luminance.py）

```
import sys
from color import Color

def luminance(c):
    red = c.getRed()
    green = c.getGreen()
    blue = c.getBlue()
    return (.299 * red) + (.587 * green) + (.114 * blue)

def toGray(c):
    y = int(round(luminance(c)))
    return Color(y, y, y)

def areCompatible(c1, c2):
    return abs(luminance(c1) - luminance(c2)) >= 128.0

def main():
    r1 = int(sys.argv[1])
    g1 = int(sys.argv[2])
    b1 = int(sys.argv[3])
    r2 = int(sys.argv[4])
    g2 = int(sys.argv[5])
    b2 = int(sys.argv[6])
    c1 = Color(r1, g1, b1)
    c2 = Color(r2, g2, b2)
    print(areCompatible(c1, c2))

if __name__ == '__main__': main()
```

程序 7-3 的亮度模块包含用于颜色处理的三个函数，分别是亮度计算、转化灰度和兼容性测试。程序从命令行接收两个 RGB 方式的参数值作为需要显示的颜色信息，对比并输出两个颜色是否具备兼容性。程序 7-3 的运行结果和过程如下。

```
% python luminance.py 232 232 232 0 0 0
True

% python luminance.py 9 90 166 232 232 232
True

% python luminance.py 9 90 166 0 0 0
False
```

7.2.3　数字图像处理（自定义）

在人们的学习和工作中经常需要对照片进行裁剪、放大或缩小，调整对比度，增加或者减少图像的亮度，消除红眼等操作。为了实现这些操作，Python 提供了一个简单的捕捉数字图像的基本数据类型。

1. 数字图像

处理数字图像需要哪些系列值？针对这些值需要执行哪些操作？计算机显示器的基本抽象和数字图像一致，将数字图像看作一个像素（图像元素）的矩形网格，其中每个像素将被单独定义一种颜色。

使用定义在模块 picture.py 中的 Picture 数据类型可以实现数字图像抽象。图像系列值为元素值，是 Color 数据类型的二维数组，其操作包括：创建一幅图像（可以是给定宽度和高度的空白图像，或者是通过给定图像文件初始化的图像）；设置某个像素的颜色为给定的颜色；返回给定像素的颜色；返回图像的高度和宽度；在计算机屏幕的窗口中显示图像；将图像保存到一个文件中。详细的 API 见表 7-8。

表 7-8 Picture 数据类型（定义在模块 picture.py 中）的 API

运算操作	功能描述
Picture(w, h)	创建一个给定宽度 w 和高度 h 的像素数组，并将之初始化为空白图像
Picture(filename)	通过给定图像文件创建并初始化一幅新的图像
pic.save(filename)	将图像 pic 保存到文件 filename 中
pic.width()	获取图像 pic 的宽度
pic.height()	获取图像 pic 的高度
pic.get(col, row)	获取图像 pic 中像素点(col, row)的 Color 颜色值
pic.set(col, row, c)	设置图像 pic 中像素点(col, row)的 Color 颜色值为 c

注：表 7-8 中的文件名一般须以.png 或者.jpg（.jpeg）为扩展名。

按惯例，(0, 0)表示图像矩阵左上角的像素，所以图像的排列顺序与矩阵相同。大多数图像处理程序其实就是过滤器，即先扫描源图像中的像素并将其作为一个二维数组，然后执行某种计算以确定目标图像每个像素的颜色值。Picture 数据类型所支持的文件格式是被广为使用的.png 和.jpg 格式，所以用户可以编写程序处理自己的照片，并把处理后的照片用于相簿或网站。Picture 数据类型连同 Color 数据类型一起为人们打开了图像处理的大门。因为实现了 save()方法，所以人们可以保存图像，从而使用查看图像的工具查看已创建的图像。

2. 灰度图像

尽管 Python 处理图像的方法均适用于全彩色图像，但是人们在日常生活中经常会使用灰度图像。本小节的任务是编写一个程序，实现彩色图像到灰度图像的转换，这个任务是一个典型的图像处理原型任务。源图像中的每一个像素对应目标图像中一个同亮度但不同颜色值的像素。程序 7-4 首先创建一个新的 Picture 对象，并将之初始化为彩色图像，然后设置每个像素的颜色值为一个新的 Color 值，新 Color 值使用 luminance.py 中的toGray()函数计算对应源图像像素点的灰度值，最后输出或保存转换的图像。程序 7-4 在本质上可以被看作一个过滤器，其从命令行接收一个图像文件名，产生该图像的灰度图像版本。

程序 7-4　图像的灰度转换（grayGraph.py）

```
import sys
import luminance
from picture import Picture

file = sys.argv[1]
pic = Picture(file)
n = file.find('.')
fileName = file[: n]
exName = file[n+1 :]

for col in range(pic.width()):
    for row in range(pic.height()):
        pixel = pic.get(col, row)
        gray = luminance.toGray(pixel)
        pic.set(col, row, gray)

pic.save('{}2Gray.{}'.format(fileName, exName))
```

程序 7-4 是一个简单的图像处理客户端程序，该程序首先接收一个图像的文件名作为命令行参数，通过该图像文件创建并初始化一个 Picture 对象。然后通过创建每个像素颜色的灰度值并重置该颜色的像素，将图像中每个像素转换为灰度。最后保存并输出转换后的图像。程序 7-4 运行前后的图像对比如图 7-6 所示。

```
% python grayGraph.py figureNezha.jpg
```

图 7-6　程序 7-4 运行前后的图像对比

3. 图像缩放

在日常生活中，人们经常要对图像进行缩放（scaling）。图像缩放有很多的应用场景，例如，拍摄的证件照大小为 2MB，但是在网络系统中上传时要求大小不超过 200KB；制作手机中的缩略图照片；调整高分辨率照片的大小以适应印刷需求等。

图像缩放有很多种实现策略。其中采样（sampling）就是一种非常简单清晰的实现方案。例如，希望目标图像的大小为源图像的一半，那么可以在图像的每一个维度选择其中的一半像素来实现，也就是仅保留（或删除）一半的行和列。或者假设源图像的宽度和高度分别为 w_s 和 h_s，目标图像的宽度和高度则分别为 w_t 和 h_t。那么该图像的列及行索引坐标的缩放比例将分别为 w_s/w_t、h_s/h_t。于是，目标图像 c 列 r 行的像素颜色就应该对应源图像 $c×w_s / w_t$（列）、$r×h_s / h_t$（行）处的像素颜色。程序 7-5 就是以上采样方案的实现。

程序 7-5　图像的缩放（scale.py）

```python
import sys
from picture import Picture

file = sys.argv[1]
wT = int(sys.argv[2])       # 目标图像的宽度
hT = int(sys.argv[3])       # 目标图像的高度

n = file.find('.')
fileName = file[: n]
exName = file[n+1:]

source = Picture(file)      # 初始化源图像
target = Picture(wT, hT)    # 初始化目标图像，宽高分别为 wT, hT

for colT in range(wT):
    for rowT in range(hT):
        cols = colT * source.width()//wT
        rows = rowT * source.height()//hT
        target.set(colT, rowT, source.get(cols, rows))
target.save('{}_scale.{}'.format(fileName, exName))
```

　　程序 7-5 是一个简单的图像缩放客户端程序，其接收一个图像的文件名和两个整数（目标图像的宽度和高度）作为命令行参数，然后对目标图像的所有像素进行颜色填充，进而实现图像的缩放功能。程序 7-5 运行前后的图像对比如图 7-7 所示。

```
% python scale.py figureNezha.jpg 256 291
```

图 7-7　程序 7-5 运行前后的图像对比

　　除了采样，图像的缩放还可以使用函数方法实现。如将缩放的目标图像的每个像素点的颜色设定为源图像的对应像素点颜色的函数（如线性函数），这样就能利用源图像计算得到目标图像各像素点的颜色值，从而完成图像的缩放。

7.3　创建数据类型

　　本章开始已经简单地介绍了面向对象的程序设计一些基本概念。本小节将详细介绍如何自定义数据类型。

一个数据类型是一系列值的集合及定义在这些值上的一系列操作的集合。Python 支持使用类来实现一个数据类型，其中 API 规定了需要实现的操作。将一个数据类型实现为一个 Python 类与实现一个包含若干函数的函数模块最主要的区别是需要在方法中使用关联值，使每个方法的调用与某个对象关联。

定义一个数据类型的过程被称为数据抽象。数据抽象的强大之处在于允许对任何可以精确描述的事物进行建模，这种建模抽象非常直观且实用。这里首先总结创建数据类型的基本步骤和主要内容，然后再基于实际的例子展示其实现的具体细节。

在 Python 中创建一个新的数据类型可以分为以下三个基本步骤。

（1）设计其 API。

（2）实现一个 Python 类以满足其 API 规范。

（3）编写一个测试客户端，以验证和测试前两步的设计和实现是否正确。

创建一个数据类型的第一步是设计其 API。 API 的目的是把客户端与实现分离，从而促进模块化程序设计。设计 API 时有两个目标：首先，使客户端代码清晰和正确，确保设计的数据类型操作符合客户端的要求。其次，必须能够实现这些运算操作，不能实现的运算操作是没有意义的。

创建一个数据类型的第二步是实现一个 Python 类以满足其 API 规范。 首先，编写构造函数以定义和初始化实例变量。其次，编写一系列方法处理实例变量以实现所需要的各种功能。在 Python 中，人们通常需要实现三种类型的方法。

（1）为了实现一个构造函数，需要实现一个特殊方法__init__()，其第一个参数变量为 self，后跟构造函数的普通参数变量。

（2）为了实现一个方法，需要实现一个指定名称的函数，其第一个参数变量为 self，后跟构造方法的普通参数变量。

（3）为了实现一个内置函数，需要实现一个函数名前后均带双下画线的特殊方法，其第一个参数变量为 self。

创建一个数据类型的第三步是编写一个测试客户端，以验证和测试前两步的设计和实现是否正确。

7.3.1 创建一个新类——颜色

为了描述把一个数据类型实现为一个 Python 类的过程，现在详细讨论本章前面 Color 数据类型的实现。在前面已经讨论了 Color 数据类型的应用，展示了该数据类型的实用价值。现在，将具体探讨其实现细节。所有的数据类型的开发和实现均具有类似的逻辑和步骤。

1. API 设计

API 是所有实现的起点。在为某些应用程序创建一个新的数据类型时，首要步骤就是开发其 API，要解决几个问题：需要处理的数据对象是什么？其要实现什么功能？这里再一次列出 Color 数据类型的 API，以便明确该数据类型的实用规范。之后将进一步讨论该 API 是如何实现的。自定义的 Color 数据类型的 API 见表 7-9。

表 7-9 自定义的 Color 数据类型的 API

运算操作	功能描述
Color(r, g, b)	创建一种红、绿、蓝分量值分别为 r、g、b 的新颜色
c.getRed()	获取颜色 c 的红分量值
c.getGreen()	获取颜色 c 的绿分量值
c.getBlue()	获取颜色 c 的蓝分量值
str(c)	' (R, G, B)' （颜色 c 的字符串表示）

2. 类的定义

Python 语言把数据类型实现为一个类（Class）。按照规范，一个数据类型的代码将被存储在一个单独的文件中，其文件名为类名的小写，后缀为.py。例如，把 Color 类的代码存储在名为 color.py 的文件中。在定义一个类时，应首先使用关键字 class，后面跟类名，然后加冒号。回车后缩进跟一系列方法定义。遵循惯例，一般定义一个数据类型时涉及三个关键功能：一个构造函数、若干实例变量和若干方法，接下来分别介绍这些内容。

1）构造函数（constructor）

构造函数用于创建一个指定类型的对象并返回该对象的引用。例如，在示例中可以使用如下代码创建并初始化一个新的 Color 对象，

```
c = Color(r0, g0, b0)
```

Python 为对象的创建提供了一个灵活且通用的机制，这里采用了该机制的一个简单子集。开发者需要为每个数据类型定义一个特殊的方法__init__()，用于定义和初始化实例变量。该名称前后的双下画线表示这是一个"特殊"的方法。

在客户端调用一个构造函数时，Python 的默认构造过程将利用__init__()方法创建一个指定类型的新对象，并返回指向新对象的一个引用。本书将__init__()方法作为数据类型的构造函数，不过，该函数并不是对象创建过程的全部，只是部分内容。但是这并不妨碍如此理解这个创建过程。

Color 类型的__init__()方法的实现如图 7-8 所示。按惯例，该方法的第一个参数为 self，在方法被调用时，self 参数变量的值将指向新建对象。也就是说，在创建一个新 Color 对象时，__init__()方法的 self 参数变量的值就是该新建对象的引用。self 之外的其他普通参数将

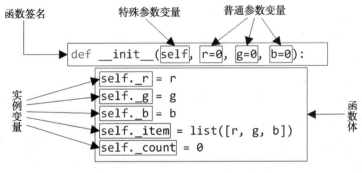

图 7-8 Color 类型的__init__()方法的实现

跟随在其之后，用于创建实例变量。

2）实例变量（instance variable）

Python 的一般规范是只能在构造函数中定义和初始化一个新建对象的实例变量。在 Python 中，实例变量属于类的特定实例，它是一个特定的对象，用于实现值。按照规范，实例变量以下画线开始。

在图 7-8 中，Color 包含 5 个实例变量，分别是_r、_g、_b、_item 和_count。在创建一个新 Color 对象时，如果需要引用该对象的实例变量，则可以通过语法 self._r、self._g 等实现。这里需要明确实例变量和局部变量的区别，例如，能不能在__init__()方法下直接如下定义呢？

```
class Color:
    def __init__(self, r=0, g=0, b=0):
        _r = r
        _g = g
        _b = b
        _item = list([r, g, b])
        _count = 0
```

事实上这样定义是不行的。在这个例子中，构造函数中的赋值语句创建了 5 个局部变量（而不是实例变量）并分别进行了赋值。然而，这些局部变量并没被使用。局部变量的作用范围在当前定义的方法下，也就是说，当构造函数执行完毕后，这些变量就会超出作用范围。正确的方法是创建实例变量，也就是在每个实例变量前加 self.。这样，这些实例变量的作用范围就被扩大到整个类。另外，实例变量是数据类型的值，或者可以将之理解为是某个实例对象的一个属性，即实例变量本质上可以看作某个实例对象本身（的一部分）的引用。图 7-9 能够清晰地描述图 7-8 中的构造函数是如何创建一个实例对象的，以及实例对象和实例变量间的具体关系是什么。以下面的代码为例。

```
c1 = Color(9, 60, 250)
```

以上代码将使用 Python 创建一个对象，并调用__init__()构造函数，初始化构造函数的 self 参数变量为新建对象的引用，同时初始化 r，g，b 分别为整数 9，60，250 的引用。

（1）构造函数定义和初始化 self 引用的新建对象的所有实例变量。

（2）当构造函数执行完毕，Python 将自动把执行新建对象的 self 引用返回给客户端。

（3）客户端把引用赋值给变量 c1。

当构造函数执行结束后，参数变量 r，g，b 将超出作用范围，但其引用的对象依旧可以通过新建对象的实例变量进行访问。

3）方法（method）

一个数据类型是一系列值及定义在这些值上的一系列操作的集合。在 Python 中，方法用于实现数据类型的运算操作，这些运算操作是与特定的对象关联的。方法的定义和函数有些类似，如下面展示了 Color 数据类型中的 getRed()方法，其用于获得一个 Color 对象的红色属性分量。

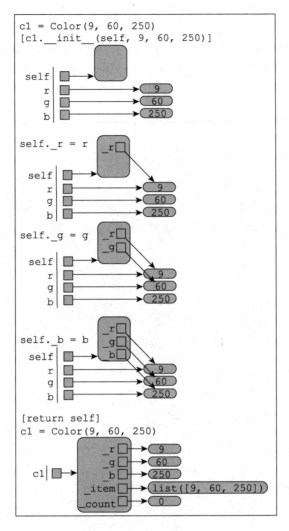

```
c1 = Color(9, 60, 250)
[c1.__init__(self, 9, 60, 250)]
```

self

r   9

g   60

b   250

```
self._r = r
```

self

r   9

g   60

b   250

```
self._g = g
```

self

r   9

g   60

b   250

```
self._b = b
```

self

r   9

g   60

b   250

```
[return self]
c1 = Color(9, 60, 250)
```

_r   9

_g   60

c1   _b   250

_item   list([9, 60, 250])

_count   0

图 7-9　创建和初始化一个 Color 对象

```
def getRed(self):
    return self._r
```

与函数类似，代码的第一行是方法签名：def、方法的名称、括号中的参数（包含特殊参数 self 和其他普通参数），以及冒号。其中，每个方法的第一个参数都是必需的，变量名为 self；普通参数则根据具体情况来设定，并不总是必需的。当客户端调用一个方法时，Python 将自动设置 self 为指向当前操作的对象的引用。例如，当客户端通过代码 c1.getRed() 调用该方法，则此时 self 的值将被设置为 c1。

如本章前面所述，方法中通常会包含三种类型的变量，即实例变量、方法的参数变量和局部变量，请务必理解这三种类型变量以及三者之间的关联和区别。当然，除了这三类变量，Python 实际上还存在其他类型的变量，如全局变量。不过在现代编程设计中，人们通常强调尽量缩小变量的作用范围，也就是尽量少使用全局变量，以降低代码之间的耦合。

3. 测试客户端

创建一个数据类型的第三步是编写一个测试客户端，以验证和测试前两步的设计和实现是否正确。程序 7-6 展示了 Color 数据类型的定义和测试。

程序 7-6　自定义数据类型 Color（color.py）

```python
class Color:
    def __init__(self, r=0, g=0, b=0):
        self._r = r          # Red component
        self._g = g          # Green component
        self._b = b          # Blue component
        self._item = list([r, g, b])
        self._count = 0      # 为后面的 next 函数计数器进行初始化
    # 默认指向类的实例不可迭代，下面的代码使对象可被迭代并可被重复使用
    def __iter__(self):
        return self

    def __next__(self):
        if self._count < len(self._item):
            result = self._item[self._count]
            self._count += 1
            return result
        else:
            self._count = 0
            raise StopIteration

    # 下面是 API 中各方法的具体实现
    def getRed(self):
        return self._r

    def getGreen(self):
        return self._g

    def getBlue(self):
        return self._b

    def __str__(self):
        return '({}, {}, {})'.format(self._r, self._g, self._b)

def _main(): # 测试
    c1 = Color(128, 128, 128)
    print(c1)
    print(c1.getRed())
    print(c1.getGreen())
    print(c1.getBlue())

if __name__ == '_main_': _main()
```

程序 7-6 是 Color 数据类型的具体实现，包含构造函数和各种方法，以及一个测试客户端 _main()。程序 7-6 的运行过程和结果如下所示。

```
% python color.py
(128, 128, 128)
128
128
128
```

此外，在上节其实已经展示了 Color 数据类型的一些具体应用。可以断定，这种基于数据抽象的面向对象的编程设计可以解决很多现实问题，在很多科学计算中都是极有优势的。

7.3.2　创建一个新类——掷骰子

在数学领域，掷骰子常被用于解释各种数据分析类型，而它在赌场和其他博弈场景中也有实际应用，在游戏《大富翁》及众多角色扮演游戏中亦是如此。因此，这个案例将用 Python 模拟两玩家 A 和 B 比赛掷骰子，每局每人掷五次，最后分别统计 A 和 B 这五次掷得的总数，总数大的获胜。

程序 7-7　掷骰子（die.py）

```python
from random import randrange
import sys
class Die:
    def __init__(self, num_sides=6):
        self.num_sides = num_sides
        self.frequency = [0]*self.num_sides
    def roll(self):
        temp = randrange(1, self.num_sides + 1)
        self.frequency[temp-1] += 1
        return self.frequency


n = int(sys.argv[1])  # 定义投掷的次数
a = Die()
b = Die()
for i in range(n):
    a_frequency = a.roll()
print(f"A 玩家掷得的点数分布为：{a_frequency}")
for i in range(n):
    b_frequency = b.roll()
print(f"B 玩家掷得的点数分布为：{b_frequency}")
a_total = 0
b_total = 0
for i in range(a.num_sides):
    a_total += (i+1) * a_frequency[i]
    b_total += (i+1) * b_frequency[i]
if a_total > b_total:
    print("A 玩家胜利！")
elif a_total < b_total:
    print("B 玩家胜利！")
else:
    print("平局！")
```

程序 7-7 的运行结果如下所示。

```
% python die.py 5
A 玩家掷得的点数分布为：[2, 1, 0, 1, 0, 1]
B 玩家掷得的点数分布为：[0, 3, 1, 1, 0, 0]
A 玩家胜利！
```

7.3.3 创建一个新类——基于等宽分箱的 WOE 转化

WOE（weight of evidence，证据权重）是衡量响应样本和未响应样本分布差异的一种方法。这是一种针对离散变量的、有监督的编码方式，其将预测类别的集中度属性作为编码的数值。在实际应用时，人们往往会将原始变量对应的数据替换为 WOE 编码或者转化后的数据。WOE 编码常被用于特征变换，对数据处理过程中的数据缺失、异常值，以及非线性影响等问题均具有良好适用性。

对变量进行 WOE 编码需要首先对变量分组处理，也就是分箱。分箱的策略有很多，包括有监督分箱（如决策树分箱）和无监督分箱（等宽或等深分箱）。这里采用等宽分箱的方法，以变量特征值的最大和最小值为依据将数据分为 N 等份，保证每个箱的宽度一致。也就是说，将数据分成指定数量的区间，每个区间的距离相等。接下来对分箱后的变量进行 WOE 转化。对于第 i 组，其 WOE 的计算公式如下。

$$\text{WOE}_i = \ln[p(y_i)/p(n_i)] = \ln[(y_i/y_T)/(n_i/n_T)] = \ln[(y_i/n_i)/(y_T/n_T)]$$

其中，$p(y_i) = y_i/y_T$，$p(n_i) = n_i/n_T$，y_i 表示该组中响应样本的数量，y_T 表示样本中所有响应样本的数量，n_i 表示该组中未响应样本的数量，n_T 表示样本中所有未响应样本的数量。

这样，WOE 值就能衡量分组中响应与未响应样本的比值和整体中响应与未响应样本的比值的差异。WOE 越大，表示该分组中样本响应的可能性越大；WOE 越小，则该分组中样本响应的可能性越小。换句话说，WOE 描述了变量在当前分组中对判断个体是否会响应，以及所起到的影响的方向和大小。WOE 为正时表示变量当前的取值对判断起到了正向影响；WOE 为负时表示变量当前取值对判断起着负向影响，而 WOE 值的大小则体现了这个影响的大小。

与 WOE 关系密切的另一个指标是 IV（information value），其能够评估变量的预测能力，因此常常被用于变量筛选。IV 值越大表示变量的预测能力越强，反之亦然。IV 值的计算公式是

$$\text{IV}_i = [p(y_i) - p(n_i)] \cdot \text{WOE}_i，\quad \text{IV} = \sum_{i=1}^{n} \text{IV}_i$$

程序 7-8 创建了一个名为 WOE 的类，这个类实现了基于等宽分箱的 WOE 转化，其设计思路是先对数据进行等距分箱，然后再进行 WOE、IV 值的计算。本程序定义的 WOE 类包括了 __init__()、equal_width_binning()、get_bins_data()、stat_ratio()、calculate_woe()、calculate_iv()、transform_woe() 这七个函数，其中，equal_width_binning() 和 get_bins_data() 这两个函数实现了等距分箱，前者返回的是每个箱子的上限（不包括最大值），后者则可以

根据每个箱子的边界值对 feature 里面的元素进行分箱。

程序 7-8　基于等距分箱的 woe 转化（woe.py）

```python
import math
class WOE:
    def __init__(self, feature, target):
        if len(feature) != len(target):
            raise '维度不一致'
        self.feature = feature
        self.target = target

    def equal_width_binning(self, num_bins=4):
        # 计算数据范围
        data_min = min(self.feature)
        data_max = max(self.feature)
        data_range = data_max - data_min
        # 计算每个箱子的宽度
        bin_width = math.ceil(data_range / num_bins)
        bins = []
        for b in range(data_min, data_max, bin_width):
            bins.append(b)
        return bins[1:]

    def get_bins_data(self, bins):
        # 分配数据到各个箱子
        binned_data = []
        # 合并特征值和目标类别为一个列表
        feature_target = list(zip(self.feature, self.target))
        feature_target = sorted(feature_target, key=lambda x: x[0])
        # 数据分箱
        pointer = 0
        for b in bins:
            temp = []
            for i, (f, t) in enumerate(feature_target[pointer:]):
                if f < b:
                    temp.append((f, t))
                else:
                    pointer = i
                    binned_data.append(temp.copy())
                    break
        binned_data.append(feature_target[pointer:])
        return binned_data

    def stat_ratio(self, bins):
        prob = []
        # 计算每个特征值的总数和目标类别的总数
        total_pos = sum(self.target)
        total_neg = len(self.target) - total_pos
        # 统计每个分箱中的坏样本概率
        binned_data = self.get_bins_data(bins)
        for data in binned_data:
```

```
            target = [t for (f, t) in data]
            pos = sum(target)
            neg = len(target) - pos
            prob.append((pos / total_pos, neg / total_neg, pos + neg))
        return prob

    def calculate_woe(self, bins):
        prob = self.stat_ratio(bins)
        woe = []
        for (bad_ratio, good_ratio, _) in prob:
            woe.append(float("{:.2f}".format(math.log
                                        (bad_ratio / good_ratio))))
        return woe

    def calculate_iv(self, bins):
        prob = self.stat_ratio(bins)
        woe = self.calculate_woe(bins)
        ivs = []
        for i, (bad_ratio, good_ratio, _) in enumerate(prob):
            ivs.append((bad_ratio - good_ratio) * woe[i])
        return "{:.2f}".format(sum(ivs))

    def transform_woe(self, bins):
        woe = self.calculate_woe(bins)
        transform = []
        bins.append(max(self.feature) + 1)
        for f in self.feature:
            for i, b in enumerate(bins):
                if f < b:
                    transform.append(woe[i])
                    break
        return transform
```

WOE 和 IV 这两个术语在信用评分领域已经存在多年，它们已被用作筛选信用风险建模项目中变量的基准。信用风险评估在金融领域是非常重要的，例如，银行在贷款给个体时通常会对他们进行信用风险评估，以此判断是否贷款、贷多少金额给客户。

逾期偿还贷款状况是信用风险评估下的一个重要指标，如果想要知道年龄与逾期偿还贷款的关系，那么需要在进行回归之前计算其 WOE 值和 IV 值。假设现在已经收集到了年龄集中在 20～70 岁的数据，其中 feature 是这群样本年龄的数据，target 是对应 feature 中个体是否逾期的数据，响应客户在这里对应的是 target 中取值为 1 的元素，即表示该个体逾期偿还贷款。若这些数据不存在缺失和异常，那么下面将展示在等距分箱的情况下如何得到 IV 值和转化后的 WOE 值。

```
from woe import WOE
feature = [20, 51, 28, 32, 35, 28, 62, 25, 28, 22, 41, 42, 66, 67, 55,
        33, 21, 45, 57]
target = [1, 0, 1, 1, 0, 0, 1, 1, 1, 0, 1, 0, 0, 0, 1, 1, 0, 1, 0]
woe = WOE(feature, target)
bins = woe.equal_width_binning()
print(f"分箱的临界值为: {bins}")
```

```
woes = woe.calculate_woe(bins)
print(f"每个分箱的 WOE 值为：{woes}")
print(f"IV 值为：{woe.calculate_iv(bins)}")
print(f"转化后的 WOE 值为：{woe.transform_woe(bins)}")
```

输出结果如下。

```
分箱的临界值为：[32, 44, 56]
每个分箱的 WOE 值为：[0.18, 0.3, 0.3, -0.33]
IV 值为：0.13
转化后的 WOE 值为：[0.18, 0.3, 0.18, 0.3, 0.3, 0.18, -0.33, 0.18, 0.18, 0.18, 0.3,
0.3, -0.33, -0.33, 0.3, 0.3, 0.18, 0.3, -0.33]
```

7.4 小　结

1. 每个类都需要有一个构造函数

如果类没有定义构造函数，那么 Python 会自动提供一个默认的构造函数（没有参数）。按 Python 的设计规范，这种类型的数据结构没有任何意义，因为它没有实例变量。

2. 用户自定义数据类型和内置数据类型的相同之处

在大多数情况下，用户自定义的数据类型与内置数据类型（例如，int、float、bool 和 str）没有任何不同。任何数据类型的对象均可以被用于以下部分。

（1）赋值语句中。

（2）作为数组的元素。

（3）作为方法或函数的参数或返回值。

（4）作为内置运算符（例如，"+""−""*""/""+="等）的操作数。

（5）作为内置函数的参数（例如，str()和 len()）。

这些能力使开发者可以创建优雅和易于理解的客户端程序，使用自然的方式直接操作数据。

3. 用户自定义数据类型和内置数据类型的不同之处

内置数据类型在 Python 中拥有特殊地位，特别是从如下几点考虑。

（1）可直接使用内置数据类型而无须通过 import 语句导入。

（2）Python 为创建内置数据类型的对象提供了特殊的语法。例如，字面量 123 创建了一个 int 对象；表达式['Hello', 'World']创建了一个数组（列表），其元素为 str 对象。作为对比，创建一个用户自定义数据类型的对象则需要调用一个构造函数。

（3）按惯例，内置数据类型以小写字母开始，而用户自定义数据类型则以大写字母开始。

（4）Python 为内置的算术数据类型提供了自动类型转换功能，如从 int 转换为 float。

（5）Python 为内置数据类型的转换提供了内置函数，包括 int()、float()、bool() 和

str()等。

4. Python 面向对象程序设计中的常见错误和注意事项

在本章节中，初学者常见的编程错误或注意事项主要如下。

（1）在引用实例变量的时候，需要使用 self 显式引用。语法上，Python 需要以某种方式知道将值赋给局部变量还是实例变量。在其他许多程序设计语言中（如 C++和 Java），用户显式定义数据类型的实例变量，所以不存在二义性。在 Python 语言中，self 变量本身可以帮助程序员分辨代码是引用局部变量还是实例变量。

（2）除了参数变量、局部变量和实例变量外还有其他类型的变量。开发者可以在全局代码中和函数、类或方法之外定义全局变量。全局变量的作用范围是整个.py 文件。在现代编程设计中，多数开发者强调尽量缩小变量的作用范围，所以很少使用全局变量（除了在不以重用为目的的短小脚本代码中）。Python 还支持类变量，即定义在类中，但不在方法体中定义的变量，每个类变量被该类的所有对象共有。与之对比，对于实例变量，每个对象都有自己的独立副本。

7.5　习　　题

1. 创建一个反映学生基本属性和方法的类 Student，设置姓名、年龄、性别三个基本属性，同时编写说出自己姓名年龄的方法，并为其创建一个对象 student。

2. 编写一个用于统计商品销售的类，具有属性：商品名称、销售数量、商品零售单价、商品批发折扣百分比、商品起批数量，并且拥有记录商品销售数量，商品销售总额的方法。

3. 创建一个时间类，利用这个类创建时间实例，通过实例的方法实现如下功能。

（1）输出格式为"hh:mm:ss"的当前实例化的时间。

（2）计算实例化的时间与方法参数提供的其他时间之间的时间差（可以用正负表示相对实例化的时间的早晚）。

4. 创建一种数据类型，实现一个秒表的功能：创建一个对象后，秒表开始计时运行，然后创建方法实现对已经运行的时间的查询。利用上面的秒表比较两个程序运算的时间差异。例如，对比 i**2 和 i*i 的时间消耗（如各运算 10 000 个数）。

5. 一个房子（不管是 house 还是 apartment）都是由一个一个的房间（room）组成的。

创建两个类：一个是 Room，通过每个房间的长和宽得到房间面积；另一个是 House，由若干 Room 组成，并且各 Room 的面积和为 House 的总面积。根据总面积，可以比较不同的 House 的大小。

6. 定义一个直角坐标系中的点类 Dot，并且以特殊方法__add__实现两个点坐标的相加。

7. 创建计算支付金额的类 PayCalculator，使其拥有属性 pay_rate，表示每天的薪资数额；方法 compute_pay 计算某段时间内应支付的薪资。

8. 创建一个名为 Restaurant 的类，让其方法__init__()设置属性 restaurant_name 和 cuisine_type。创建一个名为 describe_restaurant()的方法和一个名为 open_restaurant()的方法，

前者输出前述两项信息，而后者输出一条消息，指出餐馆正在营业。根据这个类创建一个名为 restaurant 的实例，分别输出其两个属性，并调用前述两个方法。

9. 在为完成练习 8 而编写的程序中添加一个名为 number_served 的属性，并将其默认值设置为 0，根据这个类创建一个名为 restaurant 的实例，输出有多少人在这家餐馆就餐过，然后修改这个值并再次输出它。

添加一个名为 set_number_served() 的方法以设置就餐人数。调用这个方法并向它传递一个值，然后再次输出这个值。

添加一个名为 increment_number_served() 的方法，使就餐人数递增。调用这个方法并向它传递一个这样的值：预计这家餐馆每天可能接待的就餐人数。

10. 冰激凌小店是一种特殊的餐馆，编写一个名为 IceCreamStand 的类，让它继承为完成练习 8 而编写的 restaurant 类。添加一个名为 flavors 的属性，用于存储一个由各种口味的冰激凌组成的列表。编写一个显示这些冰激凌的方法。创建一个实例并调用这个方法。

11. 猜拳游戏又称"猜丁壳"，是一个古老、简单、常用于解决争议的游戏。猜拳游戏一般包含 3 种手势：石头、剪刀、布，判定规则为石头胜剪刀，剪刀胜布，布胜石头。本案例要求编写代码，实现基于面向对象思想的人机猜拳游戏。

12. 设计一个 Course（课程）类，该类包括 number（编号）、name（名称）、teacher（任课教师）、location（上课地点）共 4 个属性，其中 location 是私有属性。另外，该类还包括 __init__()、show_info()（显示课程信息）共 2 个方法。设计完成后，创建 Course 类的对象并显示课程的信息。

13. 设计一个 Circle（圆）类，该类包括 radius（半径）属性，还包括 __init__()、get_perimeter()（求周长）和 get_area()（求面积）共 3 个方法。设计完成后，创建 Circle 类的对象并求圆的周长和面积。

14. 创建一个名为 User 的类，该类包含 first_name 和 last_name，以及用户简介通常会存储的其他几个属性。在 User 类中定义一个名为 describe_user() 的方法，用于输出用户信息摘要。再定义一个名为 greet_user() 的方法，用于向用户发出个性化的问候。

创建多个表示不同用户的实例，并对每个实例调用上述两个方法。

15. 在练习 14 的 User 类中添加一个名为 login_attempts 的属性。编写一个名为 increment_login_attempts() 的方法，将 login_attempts 属性的值加 1。再编写一个名为 reset_login_attempts() 的方法，将属性 login_attempts 的值重置为 0。

根据 User 类创建一个实例，再调用 increment_login_attempts() 方法多次。输出 login_attempts 属性的值，确认它被正确地递增。然后调用 reset_login_attempts() 方法，并再次输出 login_attempts 属性的值，确认它被重置为 0。

16. 现有水果、雪梨、苹果、红苹果、青苹果等几个类。水果有美容等功能；雪梨除了美容的功能，还有止咳的功能；苹果除了美容的功能，还有被当成礼品赠送的功能；红苹果的颜色是红的；青苹果的颜色是青的，并且青苹果虽然有苹果的功能，但是青苹果一般不能用于当礼品。请根据上面的描述与自然界之间的具体关系做以下事情。

（1）描述上述类之间的继承关系。

（2）通过 Python 代码模拟上面的事物与案例。

（3）通过 Python 代码判断青苹果的颜色，以及是否有美容的功能、是否有止咳的功能、是否有当礼品的功能等。

17. 创建一个列表或元组，其中包含 10 个数和 5 个字母。从这个列表或元组中随机选择 4 个数或字母并输出一条消息，指出只要彩票上是这 4 个数或字母就中大奖了。

18. 可以使用一个循环证明前述（17 题）彩票大奖有多难中奖。为此，创建一个名为 my_ticket 的列表或元组，再编写一个循环，不断地随机选择数或字母，直到中大奖为止。请输出一条消息，报告执行循环了多少次才中了大奖。请问中奖的概率是多大？

自学自测   扫描此码

## 第8章

输入、输出和文件

 引言

本章主要介绍程序设计的输入、输出和文件功能。其实之前的章节已经频繁使用过输入和输出功能，尤其输入功能可以传递数据给程序，供程序进行计算和处理。程序计算和处理后的结果也都需要以输出的形式显示在屏幕上，供查看运行的结果。如果程序出现语法、语义等错误，Python 同样会以输出的形式显示这些错误。本章会更加细致和系统地介绍输入和输出功能，并介绍文件的功能。使用文件可以将想输入的数据文件导入，这样就解决了大量输入的问题。同样也可以将产生的结果保存在文件中，方便日后查看和处理。特别是在需要大量的数据输入和输出时，使用文件导入和保存到文件中是良好的编程习惯。

 课程素养

输入输出是一切程序的根本。程序可以被简单地理解为输入、运算和输出。输入有多种形式，除了通过命令行和图形用户界面，还可以使用摄像头、麦克风、温湿度传感器、超声波传感器、红外线传感器等设备输入；输出同样可以有多种形式，其中通过屏幕显示是最常见的输出方式，还可以将数据写入文件、写入网络接口、通过打印机打印输出、通过音响播放声音输出、操纵机械执行特定动作输出等。学习输入输出可以加深对程序设计的理解。

 思政案例

两矩形交集问题。给定两个矩形，两矩形的长和宽分别平行于 x 轴和 y 轴。每个矩形分别用左下角和右上角的两个点表示。第一个矩形用 (x_1, y_1)，(x_2, y_2) 表示，第二个矩形用 (x_3, y_3)，(x_4, y_4) 表示，求这两个矩形的交集。如果两个矩形存在交集则用交集矩形左下角的点 (x_5, y_5) 和右上角的点 (x_6, y_6) 返回结果，否则返回空集。图 8-1 展示了两矩形

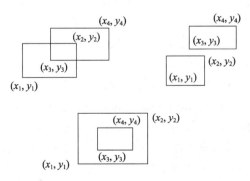

图 8-1 两矩形之间可能存在的三种情况

之间可能存在的三种情况。可以看到两矩形之间存在相交，相离和包含三种关系。其中，当两矩形相交和包含时，则两个矩形存在交集，可用 (x_5, y_5)，(x_6, y_6) 返回结果。否则当两矩形相离时，返回空集。世界上没有无因之果，也没有无果之因。行为和结果是直接联系并相互依存的，这对我们的学习乃至人生都具有启示意义。

 教学目标

　　通过学习本章，主要目标是：①进一步深入了解 Python 中输入、输出和文件的机制和规范；②掌握标准输入和标准输出的常用方式，了解各种方式的优缺点；③掌握 Python 中文件的使用方法。

 知识要点

本章所有程序一览表

程序名称	功能描述
程序 8-1 (argparseDemo.py)	命令行参数（argparse 模块）
程序 8-2 (pprintDemo.py)	使用 pprint 模块输出
程序 8-3 (average.py)	计算输入流数值平均值
程序 8-4 (readCSV.py)	读取 csv 文件的数据
程序 8-5 (writeCSV.py)	写入数据到 csv 文件
程序 8-6 (pickleDemo.py)	序列化与反序列化（pickle 模块）
程序 8-7 (doubanMovie.py)	爬取和分析豆瓣电影

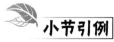 **小节引例**

　　Web 信息抓取的目的是通过一个程序模拟浏览器的浏览和搜索功能，从网页提取信息。要实现这个目标，可以充分利用许多网页被定义为高度结构化的文本文件的特点（网页就是计算机程序创建的文本文件），以及浏览器具有允许用户查看正在浏览的网页源代码的功能，通过查看源代码，可以猜测其结果。

　　通过编写一个爬虫程序，可以爬取豆瓣电影 Top250 的数据。豆瓣电影 Top250 一共分为 10 页，每页 25 部电影，共 250 部电影，主要包括序号、影片名、导演、主演信息、评分、评价人数等。豆瓣电影 Top250 第 1 页的网址为 https://movie.douban.com/top250? start=0&filter=，第 2 页的网址为 https://movie.douban.com/top250?start=25&filter=，第 3 页的网址为 https://movie.douban.com/top250?start=50&filter=，通过观察可以发现新一页总是在前一页网址 start 参数值的基础上增加 25，因此，使用循环语句就可以依次遍历第 4 页、第 5 页直到第 10 页，分别爬取各页电影信息。另外，类似于网络上的其他文件，引用文件也是一个文本文件，使用一种称为 HTML 的格式语言编写。

8.1 输　入

8.1.1 命令行参数

命令行参数是 Python 语言的标准接口。用户可以在命令行的 Python 程序之后输入参数，然后在程序中通过列表 sys.argv 访问这些命令行参数，sys.argv[0]为 Python 的脚本名，sys.argv[1]为第 1 个参数，sys.argv[2]为第 2 个参数，依次类推。Python 脚本名与第 1 个参数之间以空格分隔，各个参数之间也由空格分隔。

命令行输入的参数 sys.argv[1]、sys.argv[2]等均为字符串数据类型，如果希望传入的参数为数值，则需要使用转换函数 int()或 float()将字符串转换为相应的数据类型。下面给出一个使用命令行参数输入的脚本示例 randomseq.py，该程序将生成 n 个 1 到 100 之间的随机整数，其中 n 由程序的第一个命令行参数确定。

```
import sys
import random

n = int(sys.argv[1])
for i in range(n):
    print(random.randrange(1,101))
```

当输入 $n=5$ 时，运行结果如下。

```
% python randomseq.py 5
58
68
7
51
40
```

除了使用 sys.argv 进行命令行参数的输入和解析，开发者还可以使用 argparse 模块对命令行参数进行解析。argparse 模块用于解析命名命令行参数，生成帮助信息的 Python 标准模块。使用 argparse 模块的基本步骤如下。

（1）导入模块。

```
import argparse
```

（2）创建 ArgumentParser 对象。

```
parser = argparse.ArgumentParser()
```

（3）调用 parser 对象 add_argument()方法，增加要解析的命令行参数信息。

```
parser.add_argument('--length', default=10, type=int, help='长度')
parser.add_argument('--width', default=5, type=int, help='宽度')
```

（4）调用 parser 对象 parse_args()方法解析命令行参数，生成对应的列表。

```
args = parser.parse_args()
print(args)
```

```
print(args.length)
print(args.width)
```

下面以一个示例演示使用 argparse 模块对命令行参数进行解析的过程，解析命令行参数所输入的长和宽的值，计算并输出长方形的面积。

程序 8-1　命令行参数 argparse 模块(argparseDemo.py)

```
import argparse

parser = argparse.ArgumentParser()
parser.add_argument('--length', default=10, type=int, help='长度')
parser.add_argument('--width', default=5, type=int, help='宽度')
args = parser.parse_args()
print(args)
print(args.length)
print(args.width)

area = args.length * args.width
print('长方形的面积是: ', area)
```

程序 8-1 在使用 argparse 模块对命令行参数进行解析时，不能像 sys.argv 那样在 Python 脚本名后面直接跟参数值，而是应该使用命名的命令行参数。例如，输入长方形的长度参数时，因为在 parser.add_argument()方法中已经定义了--length 开关表示长方形的命名命令行参数，所以输入时应该在长方形的长度参数前输入--length，并以空格与长方形的长度参数分隔，其他参数类似。下面是正确运行 Python 程序的结果。

```
% python argparseDemo.py --length 100 --width 50
Namespace(length=100, width=50)
100
50
长方形的面积是: 5000
```

下面是错误运行 Python 程序的结果。

```
% python arg_parse.py 100 50
usage: arg_parse.py [-h] [--length LENGTH] [--width WIDTH]
arg_parse.py: error: unrecognized arguments: 100 50
```

如果不输入任何参数，则 Python 将采用 parser.add_argument()方法的默认值，即长度为 10，宽度为 5，运行 python arg_parse.py 结果如下。

```
Namespace(length=10,width=5)
10
5
长方形的面积是: 50
```

如果不知道程序包含哪些命名的命令行参数，则可以使用 -h 查看帮助信息。

```
usage: arg_parse.py [-h] [--length LENGTH] [--width WIDTH]

optional arguments:
-h, --help        show this help message and exit
--length LENGTH   长度
--width WIDTH     宽度
```

8.1.2 标准输入

Python 提供了 input()内置函数从标准输入读入一行文本,默认的标准输入来自键盘。input()内可带参数,提示用户输入并返回用户在控制台输入的内容,返回的内容为字符串类型。因此需要整数或浮点数类型时,需要用 int()或 float()函数进行类型转换。下面以一个简单的例子演示 input()内置函数的用法。

```
str = input("请输入: ");
print("你输入的内容是: ", str)
```

输出结果如下。

请输入:**Python 程序设计**
你输入的内容是: Python 程序设计

下面演示 input()内置函数输入一个内容并将其转换为整数的过程。本示例将提示用户输入姓名和出生年份,根据当前年份和出生年份计算用户的年龄。

```
import datetime

name = input('请输入您的姓名: ')
year = int(input('请输入您的出生年份: '))
age = datetime.date.today().year - year
print('您好! {0}。您{1}岁。'.format(name, age))
```

输出结果如下。

请输入您的姓名:**李明**
请输入您的出生年份:**2000**
您好! 李明。您23岁

下面的例子将从控制台读取 n 个整数并计算其累计和。其中,n 由程序的第一个命令行参数确定,以下是代码示例。

```
import sys

n = int(sys.argv[1])
sum = 0
for i in range(n):
    number = int(input('请输入第'+str(i+1)+'个整数: '))
    sum += number
print('累计和为: ', sum)
```

当 n=5 时,输出结果如下。

请输入第 1 个整数:**1**
请输入第 2 个整数:**2**
请输入第 3 个整数:**3**
请输入第 4 个整数:**4**
请输入第 5 个整数:**5**
累计和为: 15

8.2 输   出

8.2.1 标准输出

Python 中最常用的输出函数是 print()。print()函数的格式如下。

```
print(value, ..., sep=' ', end='\n', file=sys.stdout, flush=False)
```

print()函数用于在屏幕直接输出一行内容，其将多个以分隔符（sep，默认为空格）分隔的值写入指定文件流。参数 end 指定换行符；file 指定类文件对象（stream），默认为当前的 sys.stdout，用于将输出直接显示到屏幕控制台；flush 指定是否强制刷新流。

下面使用 print()函数输出 1~10 的平方与立方。

```
for i in range(1, 11):
    print(str(i).rjust(2), str(i*i).rjust(3), end=' ')
    print(str(i*i*i).rjust(4))
```

程序运行结果如下所示。其中 str()表示将对象 i 转换为字符串。在这个例子中，每列间的空格由函数 rjust()添加；rjust()方法可以让字符串右对齐，并在左边填充空格；rjust()函数中的参数 2 指的是至少占两个字符。还有类似的方法，如 ljust()和 center()函数分别是左对齐和居中。这些方法并不会在屏幕直接输出任何东西，它们仅修改字符串的输出格式。

```
 1   1    1
 2   4    8
 3   9   27
 4  16   64
 5  25  125
 6  36  216
 7  49  343
 8  64  512
 9  81  729
10 100 1000
```

字符串的操作中有一个类似的方法 zfill()，它会在字符串的左边填充 0，补足字符串的长度，如表 8-1 所示。

表 8-1 字符串的 zfill()方法

代码	结果
'12'.zfill(5)	'00012'
'-3.14'.zfill(7)	'-003.14'
'3.14159265359'.zfill(5)	'3.14159265359'

Python2.6 开始新增了一种格式化字符串的函数 str.format()，它增强了字符串格式化的功能，基本语法是通过"{}"和":"代替以前的"%"。开发者可以使用 str.format()

函数格式化输出值。例如，使用 str.format()的方式格式化输出上面的例子，程序如下所示。

```
for i in range(1, 11):
    print('{0:2d} {1:3d} {2:4d}'.format(i, i*i, i*i*i))
```

运行结果与上面相同。

使用 str.format()函数更加灵活多变，例如，可以不设置指定位置，则传入的字符串将按默认顺序显示。运行如下代码就可以得到'hello world'。

```
'{} {}'.format('hello', 'world')
```

当然，也可以指定位置，则传入的字符串将根据位置进行显示。例如，运行如下代码同样可以得到'hello world'。

```
'{0} {1}'.format('hello', 'world')
```

str.format()函数可以接受不限个参数，位置可以不按顺序。例如，运行如下代码得到'world hello world'。

```
'{1} {0} {1}'.format('hello', 'world')
```

下面是 str.format()的另一个例子。

```
print('{}网址: {}'.format('淘宝', 'www.taobao.com'))
```

输出结果如下所示。

```
淘宝网址: www.taobao.com
```

花括号{}及其里面的字符（被称作格式化字段）将会被 format() 函数中的参数替换。在括号中的数字用于指向传入对象在 format() 函数中的位置，如下所示。

```
print('{0} 和 {1}'.format('Google', 'Baidu'))
Google 和 Baidu
print('{1} 和 {0}'.format('Google', ' Baidu'))
Baidu 和 Google
```

如果在 format() 函数中使用了关键字参数，那么它们的值会指向使用该名字的参数，如下所示。

```
print('{name}网址: {site}'.format(name='淘宝', site='www.taobao.com'))
```

输出结果如下所示。

```
淘宝网址: www.taobao.com
```

位置及关键字参数可以任意地结合，代码如下所示。

```
print('站点列表 {0}, {1}, 和 {other}。'.format('Google', 'Baidu',
        other='Taobao'))
```

站点列表 Google, Baidu, 和 Taobao

在 " : "后传入一个整数可以保证该域至少有这么多的宽度，这在美化表格时很有用。

```
table = {'Google': 1, 'Baidu': 2, 'Taobao': 3}
for name, number in table.items():
    print('{0:10} ==> {1:10d}'.format(name, number))
```

输出结果如下所示。

```
Google     ==>            1
Baidu      ==>            2
Taobao     ==>            3
```

操作符 " % "也可以实现字符串的格式化。它利用左边的参数给出格式化要求，然后将右边的值代入，最后返回格式化后的字符串，如下所示。

```
import math
print('常量 PI 的值近似为：%5.3f。' % math.pi)
```

输出结果如下所示。

```
常量 PI 的值近似为：3.142
```

尽管大多数的 Python 代码仍然使用 " % "操作符，但是 str.format() 函数是更新的函数，其使用也更方便。因为旧式的格式化最终会从该语言中移除，所以本书建议读者使用 str.format()函数这种新的格式化方法。以上只是 str.format() 格式化规范的一小部分，它提供了许多选项和功能，可以根据你的需求进行深入的定制。为了更深入地了解所有可用的格式化选项，建议查阅 Python 官方文档中关于 str.format() 的部分。

8.2.2 使用 pprint 模块

pprint 是 Python 的一个标准模块，是 pretty print 的简写。pprint 模块提供了一个非常好用的函数：pprint()。pprint()函数默认会将传入的对象输出到控制台，并自动优化其输出的格式。通过以下代码的运行结果可以查看 print()和 pprint()的区别。

程序 8-2 使用 pprint 模块标准输出(pprintDemo.py)

```
import pprint

# 创建一个字典 info
info = {
    'return_code': 0,
    'return_msg': 'success',
    'data': [ {'name': 'Tom', 'age': 3}, {'name': 'Jerry', 'age': 1}]
}
print(info)
print("----------------------------------------------------------")
pprint.pprint(info)
```

程序 8-2 程序运行结果如下所示。

```
% python pprintDemo.py
{'return_code': 0, 'return_msg': 'success', 'data': [{'name': 'Tom',
'age': 3}, {'name': 'Jerry', 'age': 1}]}
-------------------------------------------------------------
{'data': [{'age': 3, 'name': 'Tom'}, {'age': 1, 'name': 'Jerry'}],
'return_code': 0,
'return_msg': 'success'}
```

8.2.3　重定向和管道

在控制台窗体键入数据作为输入流在许多应用程序中并不可行，因为应用程序的处理能力会受限于人们所键入的数据总量（包括键入速度）。同样，在很多情况下，程序要求保存写入标准输出流的数据到文件，以便日后使用。为了克服上述限制，作者将强调如下理念：标准输入是一种抽象，程序仅要求其提供输入，却不会依赖输入流的数据源。标准输出是类似的抽象，这些抽象的能力源自人们可通过操作系统为标准输入或标准输出指定不同的源，例如，一个文件、一个网络接口、一个程序等。所有的现代操作系统都实现了上述功能机制。

1. 重定向标准输出到一个文件

在执行程序的命令后面添加重定向指令可将标准输出重定向到一个文件。程序会将标准输出的结果写入指定文件，以用于永久存储或以后为其他程序提供输入。例如，在本章一开始介绍的使用命令行输入的脚本 randomseq.py。

```
% python randomseq.py 1000 > data.txt
```

该命令将指定标准输出流不是控制台窗口，而是写入名为 data.txt 的文本文件中。每次调用函数 print() 时，将输出的文本附加到 data.txt 文件的末尾。在上例中，最终运行结果是 data.txt 文件包括 1000 个随机值。控制台窗口没有任何输出显示，所有的输出会被直接写入符号 ">" 后指定的文件中供以后使用。注意，重定向机制完全依赖于标准输出抽象，与抽象的不同实现无关，不要求修改 randomseq.py 程序。

一旦花费大量精力获得了数据结果，那么人们往往希望保存结果以便日后能参考使用。使用重定向机制可以保存所有程序的输出到文本文件。在现代操作系统中，人们也可以使用操作系统提供的复制、粘贴或其他类似的功能保存一些信息，但复制、粘贴功能不适用大量数据。与之对比，重定向则是特别设计以适用于处理海量数据。

重定向标准输出到文本文件如图 8-2 所示。

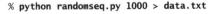

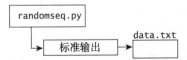

图 8-2　重定向标准输出到文本文件

2. 重定向文件到标准输入

Python 还支持重定向标准输入，使程序能从文件中读取输入数据，以代替从控制台程序中读取输入数据，如下所示。

```
% python average.py < data.txt
```

以上程序将从 data.txt 文件中读取一系列数值，并计算它们的平均值。average.py 的计算过程如程序 8-3 所示。符号"<"指示操作系统通过从文本文件 data.txt 读取数据以实现标准输入，而不是等待用户在控制台窗口键入数据。在程序中调用函数读取数据时，操作系统将从文件中读取数据，可使用任何应用程序创建 data.txt 文件，包括 Python 程序。计算机中几乎所有的应用程序都可以创建文本文件。重定向文件到标准输入的功能使用户可以创建"数据驱动的代码"，即改变程序处理的数据而不用修改程序本身。Python 将数据保存在文件中，通过编写程序从标准输入中读取数据。

重定向文件到标准输入如图 8-3 所示。

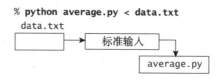

图 8-3　重定向文件到标准输入

上面示例的 average.py 脚本实现详见程序 8-3。

程序 8-3　计算输入流中数值的平均值(average.py)

```python
total = 0
count = 0
s = []
while True:
    try: s += list(map(int, input().split()))
# map()根据提供函数对指定序列做映射
    except:
        print('Input complete.')
        break
for i in s:
    total += i
avg = total / len(s)
print(avg)
```

程序从标准输入流中读取数据直至文件结尾，然后计算这些数据的平均值到标准输出。事实上，在这个程序中，输入流的大小没有任何限制。开发者可以直接输入，然后以 Ctrl+D 结束输入流；或者直接使用重定向通过一个 txt 文件进行输入；抑或可以利用后面的管道来实现输入。程序 8-3 使用文件输入的运行结果如下所示。

```
% python average.py < data.txt
Input complete.
511.621
```

3. 连接两个程序

实现标准输入和标准输出抽象的最灵活方式是指定一个程序的输出为另一个程序的输入，这种机制被称为管道，如下所示。

```
% python randomseq.py 1000 | python average.py
```

指定 randomseq.py 程序的标准输出和 average.py 程序的标准输入流向同一个流。结果类似于 randomseq.py 程序生成数值到控制台窗口，而 average.py 则从控制台窗口接收数据。上例执行命令与下列两行执行命令的结果等同。

```
% python randomseq.py 1000 > data.txt
% python average.py < data.txt
```

如果使用管道，则 Python 将不会创建 data.txt 文件。这种区别意义深远，因为它消除了输入流和输出流可处理的数据大小的限制。例如，运行程序时，可使用 1 000 000 000 代替 1000，即使计算机可能没有足够的存储空间保存 10 亿个数据，也能保证程序正常运行。不过，即使能够处理这些计算，但程序仍然需要一定的时间来运算。

通过管道连接一个程序的输出到另一个程序的输入如图 8-4 所示。

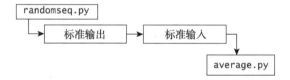

图 8-4 通过管道连接一个程序的输出到另一个程序的输入

8.3 文 件

8.3.1 文件基本操作

文件是保存数据的重要途径。常见的文件操作包括读文件和写文件。利用 open()函数可以打开一个文件。

open() 函数将会返回一个 file 对象，基本语法格式如下。

```
open(filename, mode)
```

filename 参数包含了要访问的文件名称的字符串值。mode 参数决定了打开文件的模式：只读、写入、追加等。这个参数是非强制的，默认文件访问模式为只读(r)。常见的文件操作如表 8-2 所示。

表 8-3 展示了模式 r、"r+"、w、"w+"、a、"a+"六种模式的区别。

表 8-2　常见的文件操作

模式	描述
r	以只读方式打开文件，文件的指针将会放在文件的开头，这是默认模式
rb	以只读、二进制格式打开一个文件，文件指针将会放在文件的开头
r+	打开一个文件用于读写，文件指针将会放在文件的开头
rb+	以二进制格式打开一个文件用于读写，文件指针将会放在文件的开头
w	打开一个文件只用于写入。如果该文件已存在则打开文件，并从开头开始编辑，即原有内容会被删除；如果该文件不存在则创建新文件
wb	以二进制格式打开一个文件只用于写入。如果该文件已存在则打开文件，并从开头开始编辑，即原有内容会被删除；如果该文件不存在则创建新文件
w+	打开一个文件用于读写。如果该文件已存在则打开文件，并从开头开始编辑，即原有内容会被删除；如果该文件不存在则创建新文件
wb+	以二进制格式打开一个文件用于读写。如果该文件已存在则打开文件，并从开头开始编辑，即原有内容会被删除；如果该文件不存在则创建新文件
a	打开一个文件用于追加。如果该文件已存在，文件指针将会放在文件的结尾，也就是说，新的内容将会被写入已有内容之后；如果该文件不存在则创建新文件进行写入
ab	以二进制格式打开一个文件用于追加。如果该文件已存在，文件指针将会放在文件的结尾，新的内容将会被写入已有内容之后；如果该文件不存在则创建新文件进行写入
a+	打开一个文件用于读写。如果该文件已存在，文件指针将会放在文件的结尾，文件打开时会是追加模式；如果该文件不存在则创建新文件用于读写
ab+	以二进制格式打开一个文件用于追加。如果该文件已存在，文件指针将会放在文件的结尾；如果该文件不存在则创建新文件用于读写

表 8-3　六种模式的区别

模式	r	r+	w	w+	a	a+
读	○	○		○		○
写		○	○	○	○	○
创建			○	○	○	○
覆盖			○	○		
指针在开始	○	○	○	○		
指针在结尾					○	○

file 对象需使用 open 函数创建，表 8-4 列出了 file 对象常用的函数。

表 8-4　file 对象常用的函数

方法	功能描述
file.close()	关闭文件，关闭后文件不能再进行读写操作
file.flush()	刷新文件内部缓冲，直接把内部缓冲区的数据立刻写入文件，而不是被动地等待输出缓冲区写入

方法	功能描述
file.fileno()	返回一个整型的文件描述符(file descriptor FD 整型), 可以用在如 os 模块的 read 方法等一些底层操作上
file.isatty()	如果文件连接一个终端设备返回 True, 否则返回 False
file.read([size])	从文件读取指定的字节数, 如果未给定或为负则读取所有
file.readline([size])	读取整行, 包括 "\n" 字符
file.readlines([sizeint])	读取所有行并返回列表, 若给定 sizeint>0, 返回总和大约为 sizeint 字节的行, 实际读取值可能比 sizeint 较大, 因为需要填充缓冲区
file.seek(offset[, whence])	移动文件读取指针到指定位置
file.tell()	返回文件当前位置
file.truncate([size])	从文件的首行首字符开始截断, 截断文件为 size 个字符, 无 size 表示从当前位置截断; 截断之后后面的所有字符被删除, 其中 windows 系统下的换行代表 2 个字符大小
file.write(str)	将字符串写入文件, 返回的是写入的字符长度
file.writelines(sequence)	向文件写入一个序列字符串列表, 如果需要换行则要自己加入每行的换行符

8.3.2 写文件

以下实例可以将字符串写入 helloworld.txt 文件中。

```
f = open('helloworld.txt', 'w')  # 打开一个文件
f.write( 'hello world\n' )
f.write( 'I am Johan.\n' )
f.write( 'Python is a great tool!\n' )
f.close()  # 关闭打开的文件
```

上述实例中, open()函数有两个参数, 第一个参数为要打开的文件名, 文件名为 'helloworld.txt', 注意文件名为字符串, 所以第一个参数应以单引号或双引号括起来, 即 'helloworld.txt'。这里还可以设置文件名的格式为文件路径+文件名的形式, 但是要注意确保文件路径设置的正确性。第二个参数为描述文件如何使用字符。上述实例中模式为 'w', 即以写入的方式打开"helloworld.txt"文件。mode 可以是 'r', 意为文件只读; 'w' 只用于写 (如果存在同名文件则旧文件将被删除); 'a' 用于追加文件内容, 所写的任何数据都会被自动增加到末尾; 'r+' 同时用于读写。mode 参数是可选的, 'r' 是默认值。上述实例用 open()函数创建了一个文件对象, 并将这个文件对象赋值给变量 f, f.write(string) 将 string 写入到文件中, 然后返回写入的字符数。

```
f = open('helloworld.txt', 'w')
num = f.write( 'hello world' )
print(num)
f.close()
```

执行以上程序, 输出结果如下。

```
11
```

如果要写入一些不是字符串的数据，那么将需要先进行转换。

```
f = open('helloworld.txt', 'w')
value = ('www.sdnu.edu.cn', 14)
s = str(value)
f.write(s)
f.close()
```

执行以上程序，打开 helloworld.txt 文件。

```
('www.sdnu.edu.cn', 14)
```

f.tell()函数将返回文件对象当前所处的位置，它是从文件开头开始算起的字节数。如果要改变文件指针当前的位置，则可以使用 f.seek(offset, from_what) 函数，其中，from_what 参数的值如果是 0 表示开头（0 为默认值），如果是 1 表示当前位置，2 表示文件的结尾，具体如下。

（1）seek(x,0)：从起始位置（即文件首行首字符开始）移动 x 个字符。

（2）seek(x,1)：表示从当前位置往后移动 x 个字符。

（3）seek(-x,2)：表示从文件的结尾往前移动 x 个字符。

下面给出一个完整的例子（在代码同一个文件夹下创建名为 foo 的文本文件）。

```
f = open('foo.txt', 'rb+')
f.write(b'0123456789abcdef')
print(f.seek(5))          # 移动到文件的第六个字节
print(f.read(1))
print(f.seek(-3, 2))      # 移动到文件的倒数第三字节
print(f.read(1))
```

输出结果如下。

```
5
b'5'
13
b'd'
```

在文本文件中（那些打开文件的模式下没有 b 的），Python 只会相对于文件起始位置进行定位。

当一个文件被处理完后，调用 f.close()函数关闭文件并释放系统的资源，如果尝试再调用该文件则会抛出异常，如下所示。

```
f.close()
f.read()
Traceback (most recent call last):
File "<stdin>", line 1, in ?
ValueError: I/O operation on closed file
```

在处理一个文件对象时，使用 with 关键字是非常好的方式。在处理结束后，它会帮开发者正确地关闭文件，而且写起来也比 try - finally 语句块要简短。

```
with open('foo.txt', 'r') as f:
```

```
read_data = f.read()
f.closed
```

Python 也可以通过网站爬虫写入文件，以下代码可以打开 project.txt 文件，并向里面写入 http://www.baidu.com 网站代码。后面综合案例将介绍通过爬虫爬取豆瓣电影 Top250 电影信息的方法，更详细地介绍网站信息的爬取及写入文件，而此部分则只是简单展示如何爬取网页的源代码并将之保存进文件。

```
from urllib import request
response = request.urlopen('http://www.baidu.com/')   # 打开网站
f = open('project.txt', 'w')                          # 打开一个 txt 文件
page = f.write(str(response.read()))                  # 写入网站代码
f.close()                                             # 关闭 txt 文件
```

8.3.3　读文件

读取一个文件的内容需要调用 f.read(size)函数，该函数将读取一定数目的数据，然后作为字符串或字节对象返回。size 是一个可选的数字类型参数。当 size 被忽略或者为负，那么该文件的所有内容都将被读取并且返回。下面的例子假定文件 helloworld.txt 已存在，且 helloworld.txt 中的内容如下。

```
hello world
I am Johan.
Python is a great tool!
```

那么可以通过 f.read(5)函数读取文件的前 5 个字符，程序如下所示。

```
f = open('helloworld.txt','r')
str = f.read(5)
print(str)
f.close()
```

输出结果如下。

```
hello
```

f.readline() 函数会从文件中读取单独的一行，换行符为 '\n'。f.readline() 函数如果返回一个空字符串，说明它已经读取到最后一行。

```
f = open('helloworld.txt', 'r')
str = f.readline()
str2 = f.readline()
print(str)
print(str2)
f.close()
```

输出结果如下。

```
hello world

I am Johan.
```

f.readlines()函数将返回该文件中包含的所有行。如果设置可选参数 sizeint，则函数将读取指定长度的字节，并且将这些字节按行分割。

```
f = open('helloworld.txt', 'r')
str = f.readlines()
print(str)
f.close()
```

输出结果如下。

```
['hello world\n', 'I am Johan.\n', 'Python is a great tool!\n']
```

这里也可以使用迭代的方法读取文件的每行，代码如下所示。

```
f = open('helloworld.txt', 'r')
for line in f:
    print(line, end='')
f.close()
```

输出结果如下。

```
hello world
I am Johan.
Python is a great tool!
```

8.3.4   逗号分隔文件 CSV

CSV 的全称为 "comma separated values"，是一种格式化的文件，由行和列组成，其列的分隔符可以根据需要变化。开发者可以使用 Python 自带的 csv 模块进行以下操作。

新建一个 csv 文件，文件名为 student.csv，内容如下。

```
Name,Age,Sex
Mary,18,Female
Tony,19,Male
Jack,20,Male
```

可以使用 reader()函数读取 csv 文件的内容，如程序 8-4 所示。

程序 8-4   读取 csv 文件的数据(readCSV.py)

```
import csv

with open('student.csv', 'r', encoding='utf-8') as f:
    reader = csv.reader(f)
    for row in reader:
        print(row)
```

程序 8-4 程序运行结果如下。

```
% python readCSV.py
['Name', 'Age', 'Sex']
['Mary', '18', 'Female']
['Tony', '19', 'Male']
['Jack', '20', 'Male']
```

也可以使用 DictReader() 函数读取 csv 文件的内容，DictReader() 函数读到的第一列数据就是键。

```
import csv

with open('student.csv', 'r', encoding='utf-8') as f:
    reader = csv.DictReader(f)
    for row in reader:
        print(row)
```

输出结果如下。

```
{'Name': 'Mary', 'Age': '18', 'Sex': 'Female'}
{'Name': 'Tony', 'Age': '19', 'Sex': 'Male'}
{'Name': 'Jack', 'Age': '20', 'Sex': 'Male'}
```

当需要写入文件时，可以使用 writer() 函数，如程序 8-5 所示。

程序 8-5　写入数据到 csv 文件(writeCSV.py)

```
import csv

data = [('Name', 'Age', 'Sex'),
        ('Jane', '16', 'Female'),
        ('Tom', '14', 'Male'),
        ('Leon', '15', 'Male')]
with open('student2.csv', 'w', newline='') as f:
    writer = csv.writer(f)
    writer.writerows(data)
```

程序 8-5 程序运行结果如下。

```
% python writeCSV.py
Name,Age,Sex
Jane,16,Female
Tom,14,Male
Leon,15,Male
```

与上文类似，开发者也可以使用 DictWriter() 函数写入 csv 文件的内容，DictWriter() 函数以字典的形式写入。

```
import csv

data = [{'Name': 'Mark', 'Age': 17, 'Sex': 'Male'},
        {'Name': 'Lisa', 'Age': 16, 'Sex': 'Female'},
        {'Name': 'Jacky', 'Age': 20, 'Sex': 'Male'}]
with open('student3.csv', 'w', newline='') as f:
    fieldnames = ['Name', 'Age', 'Sex']
    writer = csv.DictWriter(f, fieldnames=fieldnames)
    writer.writeheader()
    writer.writerows(data)
```

输出结果如下。

```
Name,Age,Sex
Mark,17,Male
Lisa,16,Female
Jacky,20,Male
```

8.3.5 序列化与反序列化 pickle

把对象转换为字节序列的过程被称为对象的序列化。把字节序列恢复为对象的过程被称为对象的反序列化。网络数据都是以字节的形式传输，很多地方也都需要将数据转换为字节的形式，因此序列化和反序列化有重要用途。Python 的 pickle 模块提供了一种方便的方式来对 Python 对象进行序列化和反序列化，从而实现数据对象的持久化操作。pickle 模块是 Python 专用的持久化模块，可以持久化包括自定义类在内的各种数据，比较适合 Python本身复杂数据的存储。但是持久化后的字符串是不可读的，并且只能用于 Python 环境，不能与其他语言进行数据交换。pickle 模块会创建一个 Python 语言专用的二进制格式，使用者不需要考虑任何文件细节，Python 会帮使用者完成读写对象操作。用 pickle 打开文件、转换数据格式并写入要节省不少代码行。

在 pickle 模块中，dump()、dumps()、load()和 loads()函数只能接收和操作 bytes 类型的数据，因此在使用这些函数读写文件时，要使用 rb 或 wb 模式。

1. pickle.dump(obj, file)函数

dump()函数可以将序列化后的数据直接写入到文件对象中，也就是将 Python 数据转换并保存到 pickle 格式的文件内，以下是代码示例。

```
import pickle
with open('data.pickle', 'wb') as f:
    data = (1, 2, 3)
    pickle.dump(data, f)
```

运行结果如图 8-5 所示。

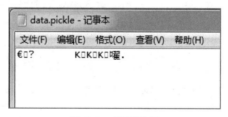

图 8-5　运行结果

使用文本编辑器打开上面保存的 data 文件，会发现其中全是不可读的乱码。

2. pickle.dumps(obj)函数

该函数可以返回序列化后的字节流，不直接写入文件，也就是其将 Python 数据转换为pickle 格式的 bytes 字串，以下是代码示例。

```
import pickle
dic = {"k1":"v1","k2":123}
s = pickle.dumps(dic)
print(s)
```

运行结果如下。

```
b'\x80\x04\x95\x16\x00\x00\x00\x00\x00\x00\x00}\x94(\x8c\x02k1\x94\x
8c\x02v1\x94\x8c\x02k2\x94K{u.'
```

3. pickle.load(file)函数

该函数可以从pickle格式的文件中读取数据并将之转换为Python的类型，以下是代码示例。

```
import pickle
with open('data.pickle', 'rb') as f:
    data = pickle.load(f)
    print(data)
```

运行结果如下。

```
(1, 2, 3)
```

4. pickle.loads(bytes_object)函数

该函数可以将pickle格式的bytes字串转换为Python的类型，以下是代码示例。

```
import pickle
dic = {'k1':'v1','k2':123}
s = pickle.dumps(dic)
dic2 = pickle.loads(s)
print(dic2)
```

运行结果如下。

```
{'k1': 'v1', 'k2': 123}
```

pickle模块可以持久化Python的自定义数据类型，但是在反持久化的时候该模块必须能够读取到类的定义。

程序8-6　序列化与反序列化pickle模块(pickleDemo.py)

```
import pickle

class Person:
    def __init__(self, n, a):
        self.name = n
        self.age = a

    def show(self):
        print(self.name + '_' + str(self.age))

aa = Person('张三', 20)
aa.show()
f = open('2.txt', 'wb')
pickle.dump(aa, f)
f.close()
# del Person        # 注意这行被注释了
f = open('2.txt', 'rb')
bb = pickle.load(f)
bb.show()
f.close()
```

程序8-6运行结果如下。

```
% python pickleDemo.py
```

张三_20
张三_20

8.3.6　文件综合示例

爬取豆瓣电影 Top250 是一个适合初学者练习和熟悉爬虫技能知识的简单实战项目，通过这个项目，读者可以对爬虫有一个初步认识。豆瓣电影 Top250 的网址是 https://movie.douban.com/top250，网站界面如图 8-6 所示。

图 8-6　豆瓣电影 Top250 网站界面

通过单击网页最下面的页码中第 2 页的链接可以看到第 2 页的网址为 https://movie.douban.com/top250?start=25&filter=，如果再单击第 1 页的链接，可以看到第 1 页的网址为 https://movie.douban.com/top250?start=0&filter=。单击其他链接，可以看到网址的规律。在网页任意空白处右击，选择"查看网页源代码"可以看到网页的源代码。查看网页的源代码可以找出规律，编写相应的规则对网站数据进行爬取。

一开始可以试着给豆瓣发请求。

```
import requests # 如果没有安装 requests，需用命令 pip install requests 安装
# 发请求测试
response = requests.get('https://movie.douban.com/top250')
print(response)
```

得到响应结果如下。

```
<Response [418]>
```

状态码是 418，意思是服务器拒绝了程序的请求。这是因为服务器没有识别到用户端，所以为了保证网站数据的安全将程序拒之门外。那么此时就需要对程序进行一些简单的伪装。

UA（user-agent）伪装是作者本次采用的伪装策略，也是最简单的伪装策略，若有些网站的反爬机制比较复杂，则需要采用更加复杂的反爬机制进行伪装，不过，对于豆瓣来说，UA 伪装就够用了。

这里作者用谷歌浏览器对豆瓣电影 Top250 网站进行检查，可以在网络部分看到该页数据的请求头信息。那么现在给请求包装一个请求头，并且在请求头中带一个 User-agent 信息，这个信息可以在检查页面的请求头信息（Headers）里找到。在网页任意空白处右击，选择"检查"，进入谷歌浏览器的开发者工具界面。选择"网络"，选择谷歌浏览器的刷新按钮刷新整个页面，可以看到"网络"界面中"名称"部分包含网址 top250?start=0&filter=，选中网址 top250?start=0&filter=，右侧将弹出一列选项，选中"标头"，下拉，可以找到 User-Agent。作者的 User-Agent 为 Mozilla/5.0 (iPad; CPU OS 13_3 like Mac OS X) AppleWebKit/605.1.15 (KHTML, like Gecko) CriOS/87.0.4280.77 Mobile/15E148 Safari/604.1，如图 8-7 所示。

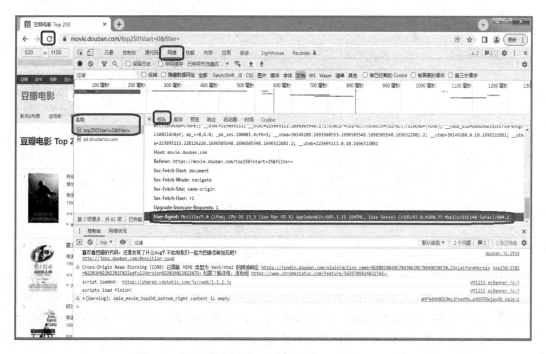

图 8-7 获取豆瓣电影 Top250 网站 UA（user-agent）

（1）现在将 User-Agent 加入到代码中。

```python
import requests
import codecs

# 发请求测试网站反爬机制
headers = {
    'User-agent': 'Mozilla/5.0 (iPad; CPU OS 13_3 like Mac OS X) \
    AppleWebKit/605.1.15 (KHTML, like Gecko) CriOS/87.0.4280.77 \
    Mobile/15E148 Safari/604.1'
        }
response = requests.get('https://movie.douban.com/top250',
                        headers=headers)
print(response)
with codecs.open('output.txt', 'w', encoding = 'utf-8') as file:
    file.write(response.text)
```

状态码为 200，说明响应成功，这个时候说明已经爬到想要的数据了，可以打开保存的文本文件来看下。

```html
<! DOCTYPE html>
<html lang="zh-CN" class= "ua-mac ua-webkit">
<head>
<meta http-equiv= "Content- Type" content= "text/html; charset=utf-8">
<meta name = "renderer"content = "webkit">
<meta name = "referrer"content= "always">
<meta name = "google-site-verification "content =" ok0wCgT20tBBgo9 _
zat2iAcimtN4Ftf5ccsh092Xeyw" />
<title>
豆瓣电影 Top 250
</title>

  <meta name="baidu-site-verification" content= "cZdR4xxR7RxmM4zE" />
  <meta http- equiv="Pragma"content= "no-cache ">
  <meta http-equiv="Expires" content="Sun, 6 Mar 2006 01:00:00 GMT">

  <link rel="apple-touch-icon" href="https://img1.doubanio.com/f /movie/
d59b2715fdea4968a450ee5f6c
  <link href="https://imq1.doubanio.com/f/vendors/
02814fbb5bee25484516bd0a642af695f7ec5a83/css/dc
  <link href="https://img1.doubanio.com/f/vendors/
ee6598d46af0bc554cecec9bcbf525b9b0582cb0/css/se
  <link href="https://imq1.doubanio.com/f/movie/
cb1cb6aaa244dff6a281d103ff26d445debd130a/dist/mov
  ...
```

可以看到，程序已经得到了整个页面的 HTML 代码，那么下一步就可以从中提取需要的信息。

（2）提取数据。这里使用的方法是 python 正则表达式，所以需要先分析 HTML 代码的结构，这里需要一点前端知识。通过观察可以发现电影标题被包含在"<span class="title"></span>"这个类里，所以可以使用正则式将它匹配出来。

```
<span class="title">(.*?)</span>
```

上述正则表达式中，"？"是惰性匹配，就是匹配尽可能少的次数。".*?"的意思是匹配任意字符，尽可能少的次数。因此" <span class="title">(.*?)</span> "就是匹配" <span class="title"> "和" </span> "之间任意字符，尽可能少的次数。通过这个正则表达式可以抓取到电影标题。下面代码是提取豆瓣电影 Top250 第 1 页中的所有电影标题。

```
import re
import requests
# 发请求测试网站反爬机制
headers = 0{
    'User-agent': 'Mozilla/5.0 (iPad; CPU OS 13_3 like Mac OS X) \
    AppleWebKit/605.1.15 (KHTML, like Gecko) CriOS/87.0.4280.77 \
    Mobile / 15E148 Safari/604.1'
            }
response = requests.get('https://movie.douban.com/top250',
                            headers=headers)
# print(response.text)

title = re.findall('<span class="title">(.*?)</span>', response.text,
                    re.S)
print(title)
```

程序的运行结果如下。

```
['肖申克的救赎', ' / The Shawshank Redemption', '霸王别姬', '
阿甘正传', ' / Forrest Gump', '泰坦尼克号',
' / Titanic', '这个杀手不太冷', ' / Léon', '千与千寻
', ' / 千と千尋の神隠し', '美丽人生', ' / La vita è
bella','星际穿越', ' / Interstellar', '辛德勒的名单', ' /
 Schindler&#39;s List', '盗梦空间', ' / Inception', '楚
门的世界', ' / The Truman Show', '忠犬八公的故事', ' / 
Hachi: A Dog&#39;s Tale', '海上钢琴师', ' / La leggenda del
pianista sull&#39;oceano', '三傻大闹宝莱坞', ' / 3 Idiots', '
放牛班的春天', ' / Les choristes', '机器人总动员', ' / 
WALL·E', '疯狂动物城', ' / Zootopia', '无间道', ' / 
無間道', '控方证人', ' / Witness for the Prosecution', '大话西
游之大圣娶亲', ' / 西遊記大結局之仙履奇緣', '熔炉', ' / 
도가니', '教父', ' / The Godfather', '触不可及', ' / 
Intouchables', '当幸福来敲门', ' / The Pursuit of Happyness',
'末代皇帝', ' / The Last Emperor']
```

提取完之后还需要对"脏"数据进行筛选，这一步可以省略，详见后面完整代码。其他信息也可以按照这个逻辑提取出来，这里提取了标题、国家、上映时间这三种数据，其他数据读者可以根据自己的需要提取。

爬虫程序完整代码如程序 8-7 所示。

程序 8-7　爬取豆瓣电影 Top250 (doubanMovie.py)

```
import requests
```

```python
import re

def top250_crawer(url, sum):
    headers = {
        'User-agent': 'Mozilla/5.0 (iPad; CPU OS 13_3 like Mac OS X) \
        AppleWebKit/605.1.15 (KHTML, like Gecko) CriOS/87.0.4280.77 \
        Mobile/15E148 Safari/604.1'
            }
    response = requests.get(url, headers=headers)
    # print(response.text)
    title = re.findall('<span class="title">(.*?)</span>',
                        response.text, re.S)
    new_title = []
    for t in title:
        if ' / ' not in t:
            new_title.append(t)
    data = re.findall('<br>(.*?)</p>', response.text, re.S)
    time = []
    country = []
    for str1 in data:
        str1 = str1.replace(' ', '')
        str1 = str1.replace('\n', '')
        time_data = str1.split(' / ')[0]
        country_data = str1.split(' / ')[1]
        time.append(time_data)
        country.append(country_data)
    # print(len(new_title))
    # print(len(time))
    # print(len(country))
    for j in range(len(country)):
        sum += 1
        print(str(sum) + '.' + new_title[j] + ',' + country[j] + ',' +
            time[j])

url = 'https://movie.douban.com/top250'
sum = 0
for a in range(10):
    if sum == 0:
        top250_crawer(url, sum)
        sum += 25
    else:
        page = '?start=' + str(sum) + '&filter='
        new_url = url + page
        top250_crawer(new_url, sum)
    sum += 25
```

程序 8-7 的运行结果如下所示。由于篇幅限制这里只打印了前 5 个电影和最后的 5 个电影，读者可以尝试运行代码查看效果。

```
% python doubanMovie.py
1.肖申克的救赎,美国,1994
2.霸王别姬,中国大陆中国香港,1993
3.阿甘正传,美国,1994
```

```
4.泰坦尼克号,美国墨西哥,1997
5.这个杀手不太冷,法国美国,1994
...
246.朗读者,美国德国,2008
247.燃情岁月,美国,1994
248.再次出发之纽约遇见你,美国,2013
249.香水,德国法国西班牙美国比利时,2006
250.发条橙,英国美国,1971
```

运行上述程序得到的数据结果实际上就是一个逗号分隔的数据,因此可以将上述结果存入文件并对数据进行分析。例如,可以修改运行的代码,将输出重定向到文件:% python doubanMovie.py > fileName.txt。之后就能够分析电影的国家分布情况、哪个国家出现的次数最多、电影的最早上映时间是多少、最晚上映时间是多少、哪一年上映的电影最多等。此部分作为课后练习供读者尝试分析。

8.4 小　　结

本章主要介绍了 Python 程序设计的输入、输出和文件功能。输入和输出可以使程序与外部世界交流。输入让用户输入想输入的内容,进行计算和处理;输出可以显示程序处理的结果;文件可以输入文件数据和以文件的形式保存输出数据,使程序处理的功能更加强大。

第 8.1 节主要介绍了程序的输入,包括命令行输入和标准输入。命令行输入又包括 sys.argv 的方式和 argparse 模块的方式。argparse 可以实现命名的命令行参数,argparse 可以设置命令行参数名、默认值、数据类型等,并且可以通过输入-h 显示帮助信息,使命令行的输入更加清晰明确、易于使用。标准输入主要介绍 input()函数的使用方法。input()函数是常用的标准输入函数。

第 8.2 节主要介绍了程序的输出,包括标准输出、pprint 模块,以及重定向和管道的使用。标准输出包括 print()函数,str.format()函数和操作符"％"。其中 str.format()函数相较于操作符"％"是更新的输出方式,建议更多地使用 str.format()函数的方式进行输出。pprint 模块的全称是 pretty print,可以美化输出效果,特别是输出大量数据时,使用 pprint 模块效果更好。重定向和管道可以更改程序标准输入和标准输出的数据源,使程序从键盘和显示器之外的来源输入输出。合理使用重定向和管道可以优化程序的输入输出,使程序可以处理更大量的数据。

第 8.3 节主要介绍了文件,包括文件的常用模式和常用函数。首先介绍了文件的读和写操作,主要针对文本文件 txt 的格式。随后介绍了逗号分隔的 CSV 文件的操作,以及对象的序列化和反序列化。最后通过爬取豆瓣电影 Top250 介绍了网络爬虫的基本技术。随着爬取技术和反爬取技术的发展,很多网站为了保护自己的数据都设置了反爬功能。在爬取网站数据时,需要根据不同网站的设置进行相应的爬取,但是需要注意的是,也不是所有的网站都可以爬取,有些数据爬取是不被允许的,将爬取的数据用于商业有时候甚至是违法犯罪行为。

8.5 习　　题

1. 一个班级的成绩单被以文本文件的方式保存，每行都存储了一名学生的成绩。第一列为学生姓名，第二列为 Python 成绩，第三列为数据结构成绩。请从文件读入每名学生的成绩并计算总分，然后按照总分降序将学生及他的成绩输出到一个新的文本文件中。示例输入文本文件内容如下。

姓名	Python	数据结构
Alice	100	85
Bob	90	90
Candy	70	99
David	80	85
Eason	95	85

2. 问题描述：从一个文本文件内读入所有学生的分数，求出最高分、最低分和平均分，存入文件 result.txt 内。

输入形式：一个文件，文件中分数之间由换行隔开，输入的文件名为 grade.txt，输入的分数都是整数。

输出形式：计算出 grade.txt 中所有分数的最高分、最低分和平均分，并分 3 行存入 result.txt 文件内。平均分保留 1 位小数。

grade.txt 样例输入。

```
60
70
80
```

result.txt 样例输出。

```
80
60
70.0
```

样例说明：输出的 70.0 是平均分。

3. 问题描述：从键盘输入整数 n，从文件"text.txt"中读入 n 行，将其中以字母 A 开头的行打印到标准输出（这里指的是屏幕）中。

输入形式：从键盘输入整数 n。

文件输入的第 1 至 n 行的每一行构成一个字符串。

输出形式：标准输出的每一行是字母 A 开头的行。若未找到符合条件的字符串则输出"not found"；若输入数据不合法（指 n 为小数或负数）则输出"illegal input"。

样例输入。

键盘输入：**5**
文件输入：

```
hello world
An apple
Hello C++
A man
a program
```

样例输出。

```
An apple
A man
```

4. 问题描述：从 in.txt 文件读数据，针对该文件每一行：求该行中各个数（可能是整数，也可能是浮点数）的最大、最小值，把最大值和最小值写入文件 out.txt，写成一行，最大值在前，两个数之间隔两个空格。

in.txt 样例输入。

```
30 30 0 30 20 10 395 92
35 35 0 50 20 20 430 100
35 35 0 50 20 20 430 100
35 35 1.2 50 20 20 365 85
32.5 32.5 0 47.5 20 0 381.33333 89
```

out.txt 样例输出。

```
395  0
430  0
430  0
365  1.2
381.33333  0
```

样例说明。

值输出的内容要与该值输入时的内容完全一致。例如，输入内容是 381.33333，输出内容也要是 381.33333，不能输出为 381.33。

5. 比较用户输入的两个文件，如果不同，则显示出所有不同处的行号与第一个不同字符的位置。

6. 在用户输入文件名和行数（N）后，将该文件的前 N 行内容输出到屏幕上。

7. 给定文件，提示用户输入要替换的单词和字符，再输入替换后的单词和字符，实现"全部替换"功能。

8. 统计当前目录下每个文件类型的文件数。

9. 计算当前文件夹下所有文件的大小（占用字节数）。

10. 用户输入文件名及开始搜索的路径，搜索该文件是否存在。如遇到文件夹则进入文件夹继续搜索。

11. 在用户输入文件名和行数（N）后，将该文件的前 N 行内容打印到屏幕上。用户可以随意输入需要显示的行数（如输入"13:21"即打印第 13 行到第 21 行，输入":21"打印前 21 行，输入"21:"则打印从第 21 行开始到文件结尾所有内容）。

12. 找到在某个目录下面所有的文件内容里面有关键字"info"的文件，将这些文件路径存储在一个 t1.pkl 的文件里。

13. 把计算机里某个目录所有超过 5M 的文件列出来。

14. 统计下面这个文本中 lihua 的单词数量。

```
lihua zhangsan lisi daqiao xiaoming
lihua yinyun lisi daren kkkk a a a a
aa heel hishi lksdhi s s s dad hids hi
```

15. 从键盘输入一些字符，逐个把它们写到指定的文件，直到输入一个"@"为止。示例如下。

```
请输入文件名：out.txt
请输入字符串：Python is open.@
```

（执行代码后，out.txt 文件中内容为：Python is open.）

16. 老王的血压有些高，医生让家属给老王测血压。老王的女儿记录了一段时间的血压测量值，在文件 xueyajilu.txt 中，内容示例如下。

```
2020/7/2 6:00,140,82,136,90,69
2020/7/2 15:28,154,88,155,85,63
2020/7/3 6:30,131,82,139,74,61
2020/7/3 16:49,145,84,139,85,73
2020/7/4 5:03,152,87,131,85,63;
```

文件内各部分含义如下：测量时间，左臂高压，左臂低压，右臂高压，右臂低压，心率。根据题意实现下述功能。

（1）使用字典和列表类型进行数据分析，获取老王左臂和右臂血压情况的对比表，输出到屏幕上，请注意每列对齐。

①低压最高值。

②左臂和右臂的血压平均值。

③左臂和右臂的高压差平均值、低压差平均值。

④心率的平均值。

（2）上述显示的五个项目中，如果左臂有大于 50% 的项目高于右臂则输出"结论：左臂血压偏高"；如果等于 50% 的项目高于右臂则输出"结论：左臂血压与右臂血压相当"；如果小于 50% 的项目高于右臂则输出"结论：右臂血压偏高"。

17. 假设当前目录下有一个文件名为 class_score.txt 的文本文件，存放某班学生的学号（第 1 列）、语文成绩（第 2 列）和数学成绩（第 3 列），以空格分隔各列数据。请编写程序完成下列要求。

（1）分别求出这个班语文成绩和数学成绩的平均分（保留 1 位小数）并输出。

（2）找出这个班两门课都不及格（<60 分）的学生，输出这些学生的学号、语文成绩和数学成绩。

（3）找出这个班两门课的平均成绩为优秀（≥90 分）的学生，输出这些学生的学号、语文成绩、数学成绩和平均成绩。

18. 编写程序，打开任意的文本文件，在指定的位置产生一个相同文件的副本，即实现文件的复制功能。

19. 在本地计算机任一磁盘分区中新建以 OS_Test 命名的目录，并在该目录中新建以.doc、.bmp、.txt、.png、.jpeg、.xlsx 为扩展名的文件若干，请写一个程序，删除掉 OS_Test 目录中（不包含子目录）所有的扩展名为.txt 的文件，并将删除掉的文件名称输出到屏幕。

20. 创建 data.txt 文件，文件共 100000 行，在每行存放一个 1~100 之间的整数。

21. 编程求解矩形并集问题。

输入一些矩形，此时，任意两两矩形之间可能是分离的，也可能是重叠的，重叠的两个矩阵之间还分为两种情况，一种情况是一个矩形和另一个矩形部分重叠，另一种情况是一个矩形完全被另一个矩形所包围。输出这些矩形的并集所构成的图形和并集所构成的小矩形。图 8-8 是两个简单的示例。第一个例子是求三个部分重叠的矩形并集，从上到下依次可以得到四个小矩形。第二个例子一个矩形被另一个矩形完全包围，得到的结果仍然是大的矩形。

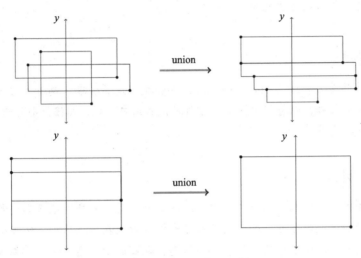

图 8-8　两个简单的示例

22. 编程求解本章开始思政案例中介绍的两矩形交集问题，要求两个矩形可以任意放置，而不是矩形的边必须平行于 x 轴和 y 轴。

23. 学习程序 8-7 豆瓣电影 Top250 爬取程序，抓取除标题、国家和上映时间以外更多的数据。

24. 将程序 8-7 的运行结果，以及习题 23 的运行结果保存到 csv 文件，对结果数据进行分析。例如，分析电影的国家分布情况，哪个国家出现的次数最多、电影的最早上映时间是何时、最晚上映时间是何时、哪一年上映的电影最多等。

即测即练

自学自测　　扫描此码

## 第9章

数据库应用

引言

在程序运行时，数据都被存在内存中。在程序终止时，程序通常需要将数据保存到磁盘上。无论是保存到本地磁盘上，还是通过网络保存到服务器上，最终都会将数据写入磁盘文件。定义数据的存储格式是一个大问题。本章遵循的设计理念是：在一个项目中，数据必须实现专业化管理以减少冗余、不一致等问题。

课程素养

古代有"养兵千日，用兵一时"的说法，这和数据库的管理机制有异曲同工之处，数据库往往储存大量数据，以待程序调用。对新时代的用户来说，积极储备知识、储备能力，才能抓住机遇发光发热。

思政案例

在教育飞速发展的时代，高校教育的管理正在系统化地发展。很多高校都使用了现代化的管理系统管理学生的信息，而学生的信息就需要被放在数据库中。使用数据库存储学生的信息能方便教师和学生快速查询相关的信息，也有助于信息的保护。本章将会介绍数据库保存学生信息的方法。

教学目标

利用 Python 实现与关系数据库的交互。主要目标是：①理解数据库的基本概念并掌握常用 SQL 语句；②掌握常用的 Python 操作数据库的相关库；③掌握使用 Python 进行数据库操作的方法。

9.1 数据库简介

数据库是管理数据的有效工具，是计算机科学的重要分支。今天，信息资源已成为各行业的重要财富和资源。建立一个满足各级部门信息处理要求的、行之有效的信息系统成为一个企业或组织生存和发展的重要条件。因此，作为信息系统核心和基础的数据库技术得到了越来越广泛的应用，从小型单项事务处理系统到大型信息系统，从联机事务处理到联机分析处理，从一般企业管理到计算机辅助设计与制造、计算机集成制造系统、电子政务、电子商务、地理信息系统等，越来越多的应用领域采用数据库技术存储和处理信息资源。特别是在互联网飞速发展的当下，广大用户可以直接访问并使用数据库，例如，通过互联网订购图书、日用品、机票、火车票，通过网上银行转账存款取款、检索和管理账户等。数据库已经成为每个人生活中不可缺少的部分。

本节介绍数据库系统的基本概念，以及关系数据库的结构化查询语言（SQL）。

9.1.1 基本概念

数据、数据库、数据库管理系统和数据库系统是与数据库技术密切相关的4个基本概念。

1. 数据（data）

数据是数据库中存储的基本对象。在大多数人头脑中对数据的第一个印象就是数字，如95、1000、¥688、$700等。其实数字只是最简单的数据，是数据的一种传统和狭义的理解。广义的理解认为数据的种类很多，如文本、图形、图像、音频、视频、学生的档案记录、货物的运输情况等，这些都是数据。

可以对数据做一个定义：描述事物的符号记录被称为数据。描述事物的符号可以是数字也可以是文字、图形、图像、音频、视频等，数据有多种表现形式，它们都可以经过数字化后被存入计算机。

数据的表现形式有时并不能完全表达其内容，可能需要经过各种解释。例如，95是一个数据，它可以是一位同学某门课的成绩，也可以是某个人的体重，还可以是某个专业的学生人数。数据的解释是对数据含义的说明，数据的含义被称为数据的语义，数据与其语义是不可分的。

2. 数据库（database，DB）

数据库顾名思义是存放数据的仓库。只不过这个仓库是在计算机存储设备上，且其中的数据是按一定的格式存放的。

人们收集并抽取出一个应用所需要的大量数据之后应将其保存起来，以供进一步加工处理、抽取有用信息。在科学技术飞速发展的今天，人们的视野越来越广，所需处理的数据量急剧增加。过去人们把数据存放在文件柜里，而现在人们借助计算机和数据库技术科学地保存和管理大量复杂的数据，以便能方便而充分地利用这些宝贵的信息资源。

严格地讲，数据库是长期储存在计算机内、有组织的、可共享的大量数据的集合。数据库中的数据按一定的数据模型组织、描述和储存，具有较小的冗余度、较高的数据独立性和易扩展性，并可由各种用户使用。

3. 数据库管理系统（database management system，DBMS）

了解了数据和数据库的概念，之后的问题就是如何科学地组织和存储数据，如何高效地获取和维护数据。能完成这些任务的是一个系统软件——数据库管理系统。

数据库管理系统是位于用户与操作系统之间的一层数据管理软件，其和操作系统一样是计算机的基础软件，也是大型而复杂的软件系统。它的主要功能包括以下几个方面。

1）数据定义功能

数据库管理系统提供数据定义语言，用户通过它可以方便地对数据库中数据对象的组成与结构进行定义。

2）数据组织、存储和管理

数据库管理系统要分类组织、存储和管理各种数据，包括数据字典、用户数据、数据的存取路径等，要确定以何种文件结构和存取方式在存储级组织这些数据，如何实现数据之间的联系。数据组织和存储的基本目标是提高存储空间利用率和存取效率，提供多种存取方法（如索引查找、哈希查找、顺序查找等）。

3）数据操纵功能

数据库管理系统还提供数据操纵语言，用户可以使用它操纵数据，实现对数据库的基本操作，如查询、插入、删除和修改等。

4）数据库的事务管理和运行管理

数据库在建立、运用和维护时由数据库管理系统统一管理和控制，以保证事务的正确运行，保证数据的安全性、完整性、多用户对数据的并发使用及发生故障后的系统恢复。

5）数据库的建立和维护功能

数据库的建立和维护功能包括数据库初始数据的输入、转换功能，数据库的转储、恢复功能，数据库的重组织功能和性能监视、分析功能等。这些功能通常是由一些实用程序或管理工具完成的。

6）其他功能

其他功能包括数据库管理系统与网络中其他软件系统的通信功能、一个数据库管理系统与另一个数据库管理系统或文件系统的数据转换功能、异构数据库之间的互访和互操作功能等。

4. 数据库系统（database system，DBS）

数据库系统是由数据库、数据库管理系统（及其应用开发工具）、应用程序和数据库管理员组成的存储、管理、处理和维护数据的系统。应当指出的是，数据库的建立、使用和维护等工作只靠一个数据库管理系统远远不够，还要有专门的人员完成，这些人被称为数据库管理员。

其中数据库提供数据的存储功能，数据库管理系统提供数据的组织、存取、管理和维护等基础功能，数据库应用系统根据应用需求使用数据库，数据库管理员负责全面管理数据库系统。

在一般不引起混淆的情况下，人们常常把数据库系统简称为数据库。

9.1.2 关系数据库标准语言 SQL

结构化查询语言（structured query language，SQL）是关系数据库的标准语言，其是一个通用的、功能性极强的关系数据库语言，功能不仅是查询，还包括数据库模式创建、数据库数据的插入与修改、数据库安全性完整性定义与控制等一系列功能。本书只介绍有关基本表的定义、修改、删除及数据的查询、插入、修改和删除。

1. 基本表的定义

SQL 语言使用 CREATE TABLE 语句定义基本表，基本格式如下。

```
CREATE TABLE <表名> (
<列名><数据类型>  [列级完整性约束条件]
[，列名><数据类型>  [列级完整性约束条件]]
…
[，<表级完整性约束条件>])
```

建表的同时用户通常还可以定义与该表有关的完整性约束条件，这些完整性约束条件被存入系统的数据字典中。当用户操作表中数据时，由关系数据库管理系统自动检查该操作是否违背这些完整性约束条件。如果完整性约束条件涉及该表的多个属性列则必须将之定义在表级上，否则既可以定义在列级也可以定义在表级，表 9-1 给出了常用的完整性约束类型。

表 9-1   常用的完整性约束类型

约束类型	关键字
非空约束	NOT NULL
主键约束	PRIMARY KEY
唯一约束	UNIQUE
检查约束	CHECK
默认约束	DEFAULT
外键约束	FOREIGN KEY

关系模型中一个很重要的概念是域。每一个属性都来自一个域，它的取值必须是域中的值。在 SQL 中域的概念用数据类型实现。定义表的各个属性时需要指明其数据类型及长度。SQL 标准支持多种数据类型，表 9-2 列出了几种常用的数据类型。要注意，不同的关系数据库管理系统支持的数据类型不完全相同。

表 9-2   常用的数据类型

数据类型	含　义
CHAR(n)	长度为 n 的定长字符串
VARCHAR(n)	最大长度为 n 的变长字符串
INT	长整数
SMALLINT	短整数
BIGINT	大整数
NUMERIC(p,d)	定点数，由 p 位数字组成，小数点后有 d 位数字
DECIMAL(p,d)	同 NUMERIC
REAL	单精度浮点数

数据类型	含义
FLOAT(n)	可选精度的浮点数，至少为 n 位数字
BOOLEAN	逻辑布尔量
DATE	日期，格式为 YYYY.MM.DD
TIME	时间，格式为 HH:MM:SS
TIMESTAMP	时间戳类型
INTERVAL	时间间隔类型

程序 9-1 通过 SQL 语句创建了一个"学生"表 Student，包括学号、姓名、性别、年龄属性。其中，学号为该表的主键，其将对姓名属性添加唯一约束。

程序 9-1　创建"学生"表

```
CREATE TABLE Student(
    Sno CHAR(9) PRIMARY KEY,
    Sname CHAR(20) UNIQUE,
    Ssex CHAR(2),
    Sage SMALLINT,
    Sdept CHAR(20)
);
```

运行结果如图 9-1 所示。

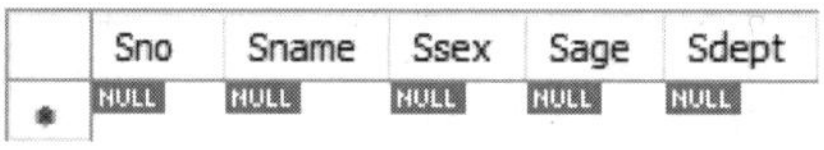

图 9-1　运行结果

此外，建立一个"课程"表 Course 及一个"学生选课"表 SC，如程序 9-2 所示。

程序 9-2　创建"课程"表和"学生选课"表

```
CREATE TABLE Course(
    Cno CHAR(4) PRIMARY KEY,
    Cname CHAR(40) NOT NULL,
    Cpno CHAR(4),          /*Cpno 为先选课*/
    Ccredit SMALLINT,
    FOREIGN KEY (Cpno) REFERENCES Course(Cno)
    /* 表级完整性约束条件，Cpno 是外码，被参照表是 Course，被参照列是 Cno*/
);
CREATE TABLE SC(
    Sno CHAR(9),
    Cno CHAR(4),
    Grade SMALLINT,
    /* 表级完整性约束条件 */
    PRIMARY KEY (Sno, Cno),
    FOREIGN KEY (Sno) REFERENCES Student(Sno),
    FOREIGN KEY (Cno) REFERENCES Course(Cno)
);
```

2. 基本表的修改

有时需要修改已建立好的基本表。SQL 语言用 ALTER TABLE 语句修改基本表,其一般格式如下。

```
ALTER TABLE <表名>
[ADD [COLUMN] <新列名> <数据类型> [完整性约束]]
[ADD <表级完整性约束>]
[DROP [COLUMN] <列名> [CASCADE|RESTRICT]]
[DROP CONSTRAINT <完整性约束名> [CASCADE|RESTRICT]]
[CHANGE <列名> <新列名> <数据类型>];
```

其中,<表名>是要修改的基本表,ADD 子句用于增加新列、新的列级完整性约束条件和新的表级完整性约束条件。DROP COLUMN 子句用于删除表中的列,如果指定了CASCADE 短语,则其将自动删除引用了该列的其他对象,例如,视图;如果指定了 RESTRICT 短语,且该列被其他对象引用,则 SQL 将无法删除该列。DROP CONSTRAINT 子句用于删除指定的完整性约束条件。CHANGE 子句用于修改原有的列定义,包括修改列名和数据类型。

程序 9-3 修改 Student 表和 Course 表

```
ALTER TABLE Student ADD S_entrance DATE;  /*入学时间*/
ALTER TABLE Student CHANGE Sage Sage INT;
ALTER TABLE Course ADD UNIQUE(Cname);
```

修改 Student 表的运行结果如图 9-2 所示。

图 9-2 修改 Student 表的运行结果

值得注意的是,ALTER TABLE 语句每次只能对一种属性执行修改。

3. 基本表的删除

当某个表不再被需要时,可以使用 DROP TABLE 语句删除它,其一般格式如下。

```
DROP TABLE <表名> [RESTRICT|CASCADE];
```

若选择 RESTRICT 参数,则该表的删除是有限制条件的。欲删除的基本表不能被其他表的约束所引用(如 CHECK,FOREIGN KEY 等约束),不能有视图,不能有触发器,不能有存储过程或函数等。如果存在这些依赖该表的对象,则此表不能被删除。

若选择 CASCADE 参数,则该表的删除将没有限制条件。在删除基本表的同时,相关的依赖对象(如视图),都将被一起删除。

默认参数是 RESTRICT。

4. 数据查询

数据查询是数据库的核心操作。SQL 提供了 SELECT 语句支持数据查询,该语句具有灵活的使用方式和丰富的功能，其一般格式如下。

```
SELECT [ALL|DISTINCT] <目标列表达式> [,<目标列表达式>] …
FROM <表名> [,<表名>]|(<SELECT 语句> ) [AS]<别名>
[WHERE <条件表达式>]
[GROUP BY <列名 1> [HAVING <条件表达式>]]
[ORDER BY <列名 2> [ASC|DESC]];
```

整个 SELECT 语句的含义是，根据 WHERE 子句的条件表达式从 FROM 子句指定的基本表或派生表中找出满足条件的元组，再按 SELECT 子句中目标列表达式选出元组中的属性值形成结果表。

如果有 GROUP BY 子句，则语句会将结果按<列名 1>的值进行分组，该属性列值相等的元组为一个组。开发者通常会在每组中使用聚集函数。如果 GROUP BY 子句带 HAVING 短语，则只有满足指定条件的组才会被输出。

如采用 ORDER BY 子句，则结果表还要按<列名 2>的值的升序或降序排序。

SELECT 语句既可以完成简单的单表查询，也可以完成复杂的连接查询和嵌套查询。下面将以学生——课程数据库为例说明 SELECT 语句的简单用法。

程序 9-4　学生——课程数据库的相关数据查询

```
/* （1）查询全部列 */
SELECT * FROM Student;
/* （2）查询指定列：查询全体学生的学号和姓名 */
SELECT Sno, Sname FROM Student;
/* （3）查询全体学生的姓名及其出生年份(BIRTHDAY) */
SELECT Sname, 2022-Sage AS BIRTHDAY FROM Student;
```

运行结果如下。

（1）查询全部列的结果如图 9-3 所示。

Sno	Sname	Ssex	Sage	Sdept	S_entrance
201215121	李勇	男	20	CS	NULL
201215122	刘成	男	19	CS	NULL
201215123	王敏	女	18	MA	NULL
201215125	张丽	女	19	IS	NULL

图 9-3　查询全部列的结果

（2）查询指定列的结果如图 9-4 所示。

Sno	Sname
201215122	刘成
201215125	张丽
201215121	李勇
201215123	王敏

图 9-4　查询指定列的结果

（3）查询并进行相应操作的结果如图 9-5 所示。

图 9-5　查询并进行相应操作的结果

5. 数据插入

SQL 的数据插入语句 INSERT 通常有两种形式，一种是插入数据元组，另一种是插入子查询的结果。

插入元组的 INSERT 语句的格式如下。

```
INSERT
INTO <表名> [(<属性列 1> [,<属性列 2> …])]
VALUES (<常量 1>  [,<常量 2>] …);
```

以上语句的功能是将新元组插入指定表。其中，新元组的属性列 1 的值为常量 1，属性列 2 的值为常量 2，…，依次类推。若属性列没有出现在 INTO 子句中，则新元组将在这些列上取空值。必须注意的是，在表定义时说明了 NOT NULL 的属性列不能取空值，否则会出错。

如果 INTO 子句中没有指明任何属性名，则新插入的元组必须在每个属性列上均有值。

程序 9-5　将新学生元组插入 Student 表

```
INSERT
INTO Student (Sno, Sname, Ssex, Sdept, Sage)
VALUES ('201215127', '张伟', '男', 'CS', 21),
       ('201215128', '李楠', '女', 'IS', 20);
```

程序运行结果如图 9-6 所示。

图 9-6　程序运行结果

插入子查询结果的 INSERT 语句格式如下。

```
INSERT
INTO <表名> [(<属性列 1> [,<属性列 2> …])]
子查询;
```

假设需要求每一个系学生的平均年龄，并把结果存入数据库，则可编写语句如程序 9-6 所示。首先，要在数据库中建立一个新表，存放相应信息；然后，按系对 Student 表分组求学生平均年龄，并将结果存放到新表中。

程序 9-6　创建表 Dept_age 并插入子查询结果

```
CREATE TABLE Dept_age(
    Sdept CHAR(15),
    Avg_age SMALLINT
);
INSERT
INTO Dept_age
SELECT Sdept, AVG(Sage)
FROM Student
Group BY Sdept;
```

运行结果如图 9-7 所示。

	Sdept	Avg_age
▶	CS	20
	MA	18
	IS	20

图 9-7　运行结果

6. 数据修改

修改操作又被称为更新操作，其语句的一般格式如下。

```
UPDATE  <表名>
SET  <列名>=<表达式>  [,<列名>=<表达式>] …
[WHERE  <条件>];
```

以上语句的功能是修改指定表中满足 WHERE 子句条件的元组。其中，SET 子句将给出<表达式>的值，用于取代相应的属性列值。如果省略 WHERE 子句，则表示要修改表中的所有元组。

程序 9-7　数据修改示例

```
/* 修改某个元组的值 */
UPDATE Student
SET Sage=22
WHERE Sno='201215121';
/* 根据子查询修改 */
UPDATE SC
SET Grade=0
WHERE Sno IN (
    SELECT Sno
    FROM Student
    WHERE Sdept='CS'
);
```

7. 数据删除

删除语句的一般格式如下。

```
DELETE
FROM  <表名>
[WHERE  <条件>];
```

DELETE 语句的功能是从指定表中删除满足 WHERE 子句条件的所有元组。如果省略 WHERE 子句则表示删除表中全部元组，但表的定义仍将被保留在字典中。也就是说，DELETE 语句删除的是表中的数据，而不是关于表的定义。

程序 9-8　数据删除示例

```
/* 删除某个元组的值 */
DELETE
FROM Student
WHERE Sno='201215128';
/* 带子查询的删除语句 */
DELETE
FROM SC
WHERE Sno IN (
    SELECT Sno
    FROM Student
    WHERE Sdept='CS'
);
```

9.2　Python 数据库环境

Python 所有的数据库接口程序都在一定程度上遵守 Python DB.API 规范。DB.API 定义了一系列必需的对象和数据库存取方式，以便为各种底层数据库系统和多种多样的数据库接口程序提供一致的访问接口。由于 DB.API 为不同的数据库提供了一致的访问接口，所以在不同的数据库之间移植代码成了一件轻松的事情。

Python DB.API 的使用流程如下。

（1）引入 API 模块。

（2）获取与数据库的连接。

（3）执行 SQL 语句和存储过程。

（4）关闭数据库连接。

1. 使用 connect ()方法创建连接（Connection）

DB.API 中的 connect()方法能生成一个 Connect 对象，用户可以通过这个对象访问数据库。符合标准的 Python 模块都会实现 connect ()方法。

connect ()方法的参数如下。

（1）user：数据库连接用户名。

（2）password：连接密码。

（3）host：主机名。

（4）database；数据库名。

（5）dsn：数据源名。

数据库连接参数可以由一个 DSN 字符串提供，例如，connect (dsn=' host : MYDB', user = 'root', password ='")。当然，不同的数据库接口程序可能有些差异，并非都严格按照规范实现，例如，MySQLdb 使用 db 参数而不是使用规范推荐的 database 参数表示要访问的数据库。

此外，Connect 对象还有如下方法。

（1）close ()：关闭当前 Connect 对象，关闭后 Python 将无法进行操作，除非再次创建连接。

（2）commit ()：提交当前事务，如果支持事务的数据库执行增 / 删 / 改后没有被提交，则数据库默认会回滚。

（3）rollback()：取消当前事务。

（4）cursor()：创建游标对象。

2. 游标对象

cursor()对象常用属性和方法如下。

（1）close()：关闭此游标对象。

（2）fetchone()：得到结果集的下一行。

（3）fetchmany（[size = cursor. arraysize]）：得到结果集的下几行。

（4）fetchall()：得到结果集中剩下的所有行。

（5）execute(sql [, args])：执行一个数据库查询或命令。

（6）executemany(sql, args)：执行多个数据库查询或命令。

（7）next()：获取结果集的下一行（如果支持迭代）。

（8）connection：创建此游标对象的数据库连接。

（9）arraysize：使用 fetchmany()方法一次取出多少条记录，默认为 1。

（10）lastrowid：上一行的行号。

（11)description：返回游标活动状态(包含 7 个元素，即 name、type_code、display_size、internal_size、precision、scale、null_ok) 的元组，只有 name 和 type_code 是必需的。

（12）rowcount：最近一次 execute()创建或影响的行数。

（13）messages：游标执行后数据库返回的信息元组（可选）。

（14）rownumber：当前结果集中游标所在行的索引（起始行号为 0 ）。

9.3   本地数据库 SQLite

9.3.1   SQLite 简介

SQLite 是一种嵌入式数据库，它的数据库就是一个文件。由于本身是用 C 语言写的，而且体积很小，所以 SQLite 经常被集成到各种应用程序中，甚至在 iOS 和 Android 的 App 中都可以使用。

市面上主流的数据库很多，那么为什么要使用 SQLite 呢？简单来说，SQLite 有下面几个优势。

（1）SQLite 不需要一个单独的服务器进程或系统操作（服务器）。

（2）SQLite 不需要配置，这意味着它不需要安装或管理。

（3）一个完整的 SQLite 数据库可被存储在跨平台的磁盘文件中。

（4）SQLite 非常轻量，完全配置的版本小于 400 KB，省略可选功能的版本甚至小于 250 KB。

（5）SQLite 是自配置的、独立的，这意味着它不需要依赖任何外部应用程序或环境。

（6）SQLite 的事务完全符合 ACID 规范，允许多个进程或线程安全地访问。

（7）SQLite 支持大多数（SQL2）符合 SQL92 标准的查询语言功能。

（8）SQLite 提供了简单和易于使用的 API。

（9）SQLite 可在 UNIX 和 Windows 中运行。

当然，SQLite 也不是没有缺点，它一般只能用于处理小到中型数据量的存储，对高并发、高流量的应用并不适用。

9.3.2 sqlite3 模块

Python 本身内置了 sqlite3 模块，所以在 Python 中使用 SQLite 甚至不需要安装任何软件，这也体现了 SQLite 的优势。

要操作关系数据库，首先需要连接到数据库，一个数据库连接被称为一个 Connection。

在连接到数据库之后，需要打开游标（cursor），通过 cursor 执行 SQL 语句，然后获得执行结果。

下面将通过一些简单的实例介绍 sqlite3 模块的基本用法。

首先，创建一张关系表 T_phone，用于存储用户的联系方式。

程序 9-9　sqlite3 创建关系表

```python
import sqlite3

# 连接到数据库
conn = sqlite3.connect('phone_book.db')
print('Open database successfully!')
# 创建一个游标对象
cursor = conn.cursor()
# 创建表 sql 语句
sql = """
    CREATE TABLE T_phone(
        ID INT PRIMARY KEY,
        NAME VARCHAR(10),
        Phone_number CHAR(11),
        EMAIL VARCHAR(50)
    );
"""
# 执行 sql 语句
cursor.execute(sql)
print('Table created successfully!')

# 关闭 cursor
cursor.close()
# 提交事务
```

```
conn.commit()
# 关闭数据库连接
conn.close()
```

程序运行结果如下。

```
Open database successfully!
Table created successfully!
```

接下来将通过以下几个示例说明利用 sqlite3 模块实现对 T_phone 表进行数据插入(程序 9-10)、查询（程序 9-11）、修改（程序 9-12）以及删除（程序 9-13）的操作。

程序 9-10   sqlite3 插入数据

```
import sqlite3

conn = sqlite3.connect('phone_book.db')
print('Open database successfully!')

cursor = conn.cursor()
sql = """
    INSERT
    INTO T_phone(ID, NAME, Phone_number)
    VALUES
    (1, '张三', '13905310004'),
    (2, '李四', '13905310005'),
    (3, '王五', '13905310006');
"""
# 执行 sql 语句, 当发生错误时回滚
try:
    cursor.execute(sql)
    conn.commit()
    rows = cursor.rowcount
    print(f'insert records: {rows}')
except:
    conn.rollback()
    print('error')

cursor.close()
conn.close()
```

程序运行结果如下。

```
Open database successfully!
insert records: 3
```

程序 9-11   sqlite3 查询数据

```
import sqlite3

conn = sqlite3.connect('phone_book.db')
print('Open database successfully!')

cursor = conn.cursor()
sql = 'SELECT * FROM T_phone;'
```

```
cursor.execute(sql)
# 获取所有查询结果
records = cursor.fetchall()
conn.commit()
# 遍历结果
for row in records:
    print(row)

cursor.close()
conn.close()
```

程序运行结果如下。

```
Open database successfully!
(1, '张三', '13905310004', None)
(2, '李四', '13905310005', None)
(3, '王五', '13905310006', None)
```

程序 9-12　sqlite3 修改数据

```
import sqlite3

conn = sqlite3.connect('phone_book.db')
print('Open database successfully!')

cursor = conn.cursor()
sql = "UPDATE T_phone SET Phone_number='13903511111' WHERE ID=1;"
cursor.execute(sql)
conn.commit()
# 显示被修改的记录数
print(f'update records: {conn.total_changes}')

cursor.close()
conn.close()
```

程序运行结果如下。

```
Open database successfully!
update records: 1
```

程序 9-13　sqlite3 删除数据

```
import sqlite3

conn = sqlite3.connect('phone_book.db')
print('Open database successfully!')

cursor = conn.cursor()
sql = 'DELETE FROM T_phone;'
cursor.execute(sql)
conn.commit()
# 显示被修改的记录数
print(f'delete records: {conn.total_changes}')

cursor.close()
conn.close()
```

程序运行结果如下。

```
Open database successfully!
delete records: 3
```

9.4 关系型数据库 MySQL

9.4.1 MySQL 简介

MySQL 是 Web 世界中被使用最广泛的数据库产品。SQLite 的特点是轻量级加嵌入，但它不能承受高并发访问，只适合桌面和移动端应用；但 MySQL 是为服务器端设计的数据库，能承受高并发访问，并且占用的内存远远超过 SQLite。

此外，MySQL 内部有多种数据库引擎，最常用的引擎是支持数据库事务的。用户可以直接从 MySQL 官方网站获取最新的版本，选择对应的平台下载安装文件安装即可。

在 Windows 上安装 MySQL 时请选择 UTF-8 编码，以便正确地处理中文。由于 MySQL 服务器以独立的进程运行，并通过网络对外服务，所以 Python 需要支持 MySQL 的驱动以连接到 MySQL 服务器。在 Python2 中，连接 MySQL 大多使用 MySQLdb，但是此库已不再支持 Python3，所以这里推荐使用的库是 PyMySQL 模块。

9.4.2 PyMySQL 模块

下面通过一些简单的实例介绍 PyMySQL 模块的基本用法。

首先，尝试连接数据库。假设当前的 MySQL 运行在本地，用户名为 root，密码为 123456，运行端口号为 3306，那么可以利用 PyMySQL 先连接 MySQL，输出当前数据库的版本信息并创建一个新的数据库 school，代码如程序 9-14 所示。

程序 9-14 连接 MySQL 并输出版本信息

```python
import pymysql

conn=pymysql.connect(host='localhost',user='root',password='123456',
                     port=3306)
cursor = conn.cursor()
cursor.execute('SELECT VERSION();')
data = cursor.fetchone()
print(f'Database version: {data}')
cursor.execute('CREATE DATABASE school DEFAULT CHARACTER SET utf8;')
cursor.close()
conn.close()
```

程序运行结果如下。

```
Database version: ('8.0.30',)
```

这里通过 PyMySQL 的 connect ()方法声明一个 MySQL 连接对象 conn，此时需要传入 MySQL 运行的 host（主机地址）。由于 MySQL 在本地运行，所以传入的地址是 http://localhost。

如果 MySQL 在远程运行，则应传入其公网 IP 地址。后续的参数 user 即用户名，password 即密码，port 即端口（默认为 3306）。

连接成功后，需要再调用 cursor()方法获得 MySQL 的操作游标，利用游标执行 SQL 语句。这里执行了两句 SQL 语句，直接用 execute()方法执行即可。第一句 SQL 用于获得 MySQL 的当前版本，然后调用 fetchone()方法获得第一条数据，也就得到了版本号；第二句 SQL 执行创建数据库的操作，数据库名叫作 school，默认编码为 utf8。创建数据库后，在连接时，需要额外指定一个参数：db。

接下来，先创建一个学生表 students。

程序 9-15　数据库 school 中创建 students 表

```
import pymysql
conn = pymysql.connect(host='localhost', user='root', password=
                       '123456', port=3306, db='school')
cursor = conn.cursor()
sql = """
    CREATE TABLE IF NOT EXISTS students(
        ID VARCHAR(255) NOT NULL,
        NAME VARCHAR(255) NOT NULL,
        AGE INT NOT NULL,
        PRIMARY KEY (ID)
    );
"""
cursor.execute(sql)
conn.close()
```

之后将对数据库中的 students 表进行更改操作，包括数据插入、更新、删除。对数据的更改操作需要执行 conn 对象的 commit()方法。值得注意的是，为了防止执行过程中出现错误导致数据的不一致，在执行失败时，要调用 rollback()方法执行数据回滚。

程序 9-16　students 表插入数据

```
import traceback
import pymysql
conn = pymysql.connect(host='localhost', user='root', password=
                       '123456', port=3306, db='school')
cursor = conn.cursor()
data = {
    'ID': '20120001',
    'NAME': '李成',
    'AGE': 20
}
table = 'students'
keys = ', '.join(data.keys())
values = ', '.join(['%s']*len(data))
sql = f'INSERT INTO {table}({keys}) values ({values});'
try:
    cursor.execute(sql, tuple(data.values()))
```

```
        print('Add data successfully!')
        conn.commit()
except:
        traceback.print_exc()    # 输出详细错误信息
        conn.rollback()
cursor.close()
conn.close()
```

程序执行结果如下。

```
Add data successfully!
```

这里，为了避免重复修改 SQL 语句，需要将其构造为动态语句，将数据保存到字典中。利用 join()方法对字典的键名进行拼接得到要添加的字段，利用 "%s" 通配符构建多个数据占位符。在执行 execute()方法时传入了两个参数，第一个是动态的 SQL 语句变量 sql，第二个是 data 的键值所构成的元组。

如此就实现了传入一个字典插入数据，不需要再去修改 SQL 语句和插入操作。

在执行数据更新（修改）操作时，可以参照程序 9-12 对 students 表进行数据更新。但是，人们往往并不知道表中已有的数据是否包含更新数据。因此，如果数据已经存在（根据主键判断），那么就应对原数据进行修改；如果数据不存在，则应插入数据。另外这种做法支持灵活的字典传值，示例如下。

程序 9-17   students 表更新数据

```
import traceback
import pymysql

conn = pymysql.connect(host='localhost', user='root', password=
                        '123456', port=3306, db='school')
cursor = conn.cursor()
data = {
    'ID': '20120003',
    'NAME': '李成',
    'AGE': 23
}
table = 'students'
keys = ', '.join(data.keys())
values = ', '.join(['%s']*len(data))
update = ', '.join([f"{key} = %s" for key in data.keys()])
sql = f"""
    INSERT INTO {table}({keys}) values ({values})
    ON DUPLICATE KEY
    UPDATE {update};
"""
try:
    cursor.execute(sql, tuple(data.values())*2)
    print('Update data successfully!')
    conn.commit()
except:
    traceback.print_exc()    # 输出详细错误信息
```

```
        conn.rollback()
cursor.close()
conn.close()
```

程序运行结果如下。

```
Update data successfully!
```

删除数据的操作则相对简单，重点在于指定合适的删除条件，并且要使用 commit()方法提交，示例如下。

程序 9-18   students 表删除数据

```
import pymysql

conn = pymysql.connect(host='localhost', user='root', password=
                       '123456', port=3306, db='school')
cursor = conn.cursor()
table = 'students'
condition = 'AGE > 20'
sql = f"DELETE FROM {table} WHERE {condition};"
try:
    cursor.execute(sql)
    conn.commit()
except:
    conn.rollback()
cursor.close()
conn.close()
```

最后，还剩下一个使用最频繁的操作——数据查询，示例如下。

程序 9-19   students 表数据查询

```
import pymysql

conn = pymysql.connect(host='localhost', user='root', password=
                       '123456', port=3306, db='school')
cursor = conn.cursor()
sql = 'SELECT * FROM students WHERE AGE >= 20;'
cursor.execute(sql)
results = cursor.fetchall()
for row in results:
    print(row)
cursor.close()
conn.close()
```

程序运行结果如下。

```
('20120001', '王成', 22)
('20120002', '李成', 23)
('20120003', '李成', 23)
```

使用 fetchall()方法时，当数据量过大则内存开销会很高，因此，可以利用 while 循环加 fetchone()方法获取所有数据。

```
row = cursor.fetchone()
while row:
    print(row)
    row = cursor.fetchone()
```

9.5   ORM 框架——SQLAlchemy

SQLAlchemy 是 PythonSQL 工具包和对象关系映射器，是 Python 中最著名的 ORM（object relationship mapping）框架，它提供了一整套著名的企业级持久性模式，被设计用于高效和高性能的数据库访问，从而简化了应用程序开发人员在原生 SQL 上的操作，使开发人员将主要精力都放在程序逻辑上，从而提高开发效率。

ORM 框架的特点是操纵 Python 对象而不是 SQL 查询，也就是在代码层面考虑的是对象而不是 SQL，体现的是一种程序化思维，这就使 Python 程序更加简洁易读。其实现方式是将数据库表转换为 Python 类，其中数据列为属性，数据库操作为方法。

虽然这种做法会导致程序运行性能不及原生 SQL，但是，它具有以下优势。

（1）简洁易读：将数据表抽象为对象（数据模型），摒弃难以理解的过程，数据访问更加抽象、轻便。

（2）可移植：封装了多种数据库引擎，对多个数据库操作基本一致，代码易维护。

（3）开发效率高：面向对象的建模及操作降低了项目开发人员在 SQL 语言上的时间消耗，极大地提高了开发效率。

（4）更安全：有效避免 SQL 注入，更利于程序的维护和重用。

下面简单介绍一下通过 SQLAlchemy 模块操作 MySQL 数据库的方法。

首先，SQLAlchemy 模块中的常用数据类型及其与数据库数据类型的对应关系如表 9-3 所示。

表 9-3   SQL Alchemy 模块中的常用数据类型及其与数据库数据类型的对应关系

数据类型	数据库数据类型	Python 数据类型	说明
Integer	INT	int	整形，32 位
String	VARCHAR	string	字符串
Text	TEXT	string	长字符串
Float	FLOAT	float	浮点型
Boolean	TINYINT	bool	布尔型
Date	DATE	datetime.date	年月日
DateTime	DATETIME	datetime.datetime	年月日时分秒
Time	TIME	datetime.datetime	时分秒

其次，将依次从连接数据库、创建表，以及数据插入、查找、修改、删除方面介绍 SQLAlchemy 模块的基本使用。

程序 9-20　SQLAlchemy 连接 MySQL

```
from sqlalchemy import create_engine

conn=create_engine(
'mysql+pymysql://root:123456@localhost:3306/school?charset=utf8'
)
```

程序 9-20 的代码通过使用 create_engine()方法连接数据库，可以发现 Python 需要向其传入一个由登录数据库所需的各种信息（用户名、密码、数据库地址等）组成的字符串才可以连接到数据库。这种方法烦琐、容易出错，而且不利于程序维护。因此可以通过以下方式将数据和功能分离，以便更好地维护程序。

```
conn_info = {
    'user': 'root',
    'password': '123456',
    'host': 'localhost',
    'port': 3306,
    'database': 'school',
    'charset': 'utf8'
}
conn = create_engine('mysql+pymysql://', connect_args=conn_info)
```

前面提到了 ORM 的重要特点，那么操作表的时候就需要通过操作对象实现。创建一个 Teacher 类，并在数据库 school 中创建对应的表，如程序 9-21 所示。

程序 9-21　SQLAlchemy 创建表

```
from sqlalchemy import *
from sqlalchemy.ext.declarative import declarative_base

# 连接数据库
conn_info = {
    'user': 'root',
    'password': '123456',
    'host': 'localhost',
    'port': 3306,
    'database': 'school',
    'charset': 'utf8'
}
conn = create_engine('mysql+pymysql://', connect_args=conn_info)

# 建立映射关系
Base = declarative_base()
class Teacher(Base):
    __tablename__ = 'teacher'
    id = Column(Integer, primary_key=True)
    name = Column(String(32))
    age = Column(Integer)
Base.metadata.create_all(conn)
```

declarative_base()是 SQLAlchemy 内部封装的一个方法，通过其构造一个基类，然后这个基类和它的子类可以将 Python 类和数据库表关联映射起来。调用这个基类的 metadata.

create_all()方法可以在数据库中创建对应的表，如果数据库中存在该表，则 Python 将忽略该语句，如果不存在，则 Python 将创建一个对应的表。

在需要创建多个表时，只需要定义多个对应的类即可。上述程序通过 __tablename__ 指定表名，通过 Column 指定数据表的列及其约束条件。

表创建好后就可以进行数据操作了，常见的操作包括数据插入、查找、修改以及删除。

在操作数据前，这里先介绍一下 SQLAlchemy 模块的一大核心——session。SQLAlchemy 使用 session 创建程序和数据库之间的会话，所有对象的载入和保存都需要通过 session 对象实现。session 对象可以通过 sessionmaker()方法创建一个"工厂"，并关联 conn 对象以确保每个 session 都可以使用该 conn 连接资源，具体代码如下所示。

```
from sqlalchemy.orm import sessionmaker

# 创建 session
obj_ession = sessionmaker(conn)
session = obj_ession()
```

session 的常见操作方法如下。

（1）flush()：预提交，提交到数据库文件操作队列，但暂时不写入数据库文件。

（2）commit()：提交一个事务。

（3）rollback()：回滚。

（4）close()：关闭。

下面通过几个简单的例子说明 SQLAlchemy 模块中数据插入（程序 9-22）、查找（程序 9-23）、修改（程序 9-24），以及删除（程序 9-25）的过程。

程序 9-22 SQLAlchemy 插入数据

```
from sqlalchemy import *
from sqlalchemy.ext.declarative import declarative_base
from sqlalchemy.orm import sessionmaker

Base = declarative_base()

class Teacher(Base):
    __tablename__ = 'teacher'
    id = Column(Integer, primary_key=True)
    name = Column(String(32))
    age = Column(Integer)

# 连接数据库
conn_info = {
    'user': 'root',
    'password': '123456',
    'host': 'localhost',
    'port': 3306,
    'database': 'school',
    'charset': 'utf8'
}
conn = create_engine('mysql+pymysql://', connect_args=conn_info)
# 建立会话
obj_session = sessionmaker(conn)
```

```
session = obj_session()

# 向表中添加数据
# 添加实例
t = Teacher(name='张老师', age=30)
session.add(t)
session.commit()
session.close()
```

session.add()方法将会把实例对象加入当前 session 维护的持久空间中，直到执行 commit()方法时提交到数据库。

此外，当需要依次插入多条数据记录时，可以参照下面的方法。

```
ts = [
    Teacher(name='张老师', age=30),
    Teacher(name='李老师', age=32),
    Teacher(name='王老师', age=37)
]
session.add_all(ts)
```

查询是最常用的一个操作了，先看一个简单的示例，如程序 9-23 所示。

程序 9-23　SQLAlchemy 查找数据

```
# 查询所有数据
teachers = session.query(Teacher).all()
for t in teachers:
    print(t.id, t.name, t.age)
# 使用 filter 过滤查询条件
teachers = session.query(Teacher).filter(Teacher.age >= 35)
for t in teachers:
    print(t.id, t.name, t.age)
```

本程序省略了数据库连接等操作，具体可参考程序 9-22。

通过以上查询模式可以获取数据，需要注意的是，通过 session.query()方法查询返回了一个 Query 对象，但此时 Python 还没有去具体的数据库中查询，只有当执行具体的.all()、first()等方法时 Python 才会真的操作数据库。

其中，query 有 filter()与 filter_by()两个过滤方法，这两个方法通常都会被用到，所以一定要理解它们的区别，如表 9-4 所示。

表 9-4　filter()与 filter_by()的区别

filter()	filter_by()
支持所有的比较运算符	只能使用 "=" "!=" "><"
过滤用类名.属性名	过滤用属性名
不支持组合查询	支持组合查询
支持 and, or 和 in 等	

修改数据有两种方法，一种是使用 query 的 update()方法；另一种是操作相应的表模型，具体实现如程序 9-24 所示。

程序 9-24　SQLAlchemy 更新数据

```
# 方法一
session.query(Teacher).filter(Teacher.name == '张老师').update(
{'name': '张教授'})
# 方法二
teacher = session.query(Teacher).filter_by(name='王老师').first()
teacher.name = '王教授'
# 提交数据
session.commit()
```

一般批量更新会选择方法一，而更新指定对象属性则会选择方法二。

与更新类似，删除数据也有两种方法，其功能差别也与更新类似，具体实现过程如程序 9-25 所示。

程序 9-25　SQLAlchemy 删除数据

```
# 方法一
session.query(Teacher).filter(Teacher.name == '张教授').delete()
# 方法二
teacher = session.query(Teacher).filter_by(name='王教授').first()
if teacher:
    session.delete(teacher)
# 提交数据
session.commit()
```

9.6　小　　结

随着数据库应用的深入和计算机网络的发展，数据的共享需求日益增多。数据库管理系统是管理数据的核心，本章首先介绍了数据库的基本概念，以及基本的 SQL 语句及其用法。

SQL 是关系数据库语言的工业标准。目前，大部分数据库管理系统都支持 SQL，SQL 的数据查询功能是最丰富，也是最复杂的。

本章介绍了两个常用的关系数据库 SQLite 和 MySQL，以及通过 Python 操作数据库的方法。其中，SQLite 主要用于轻量级开发，对高并发需求的支持较弱；MySQL 则是工业级开发常用的数据库，其是为服务器端设计的，能承受高并发访问。

本章还介绍了通过 Python 操作数据库的两种方式，每种方式都涉及数据库基本表的创建，以及数据的插入、查找、修改、删除。

首先，用户可以通过特定的 Python 模块和 SQL 语句的方式操作数据库，如使用 sqlite3 库操作 SQLite 数据库，使用 PyMySQL 库操作 MySQL 数据库。这种操作方式的主要问题在于，开发人员必须要熟练掌握 SQL 语句。

其次，介绍了通过 SQLAlchemy 库的方式操作数据库。SQLAlchemy 库是 Python 最著名的 ORM 框架，使用 ORM 框架操作数据库可以使开发者避免将大量的时间精力耗费在对 SQL 的研究上，极大地提高了工作效率。

9.7 习　　题

1. 安装 MySQL，并创建数据库 MyDB，使用 PyMySQL 模块在数据库中创建 Users 表，使它包含 userid、username、password、gender 和 age 这 5 个字段，并对每个字段定义相应的列级约束条件。

2. 使用 PyMySQL 模块在 Users 表中插入如下数据。

userid	username	password	gender	age
202201	张浩	ges4op	男	32
202202	徐露	mikeage	女	40
202203	王佳	lineefe	女	25
202204	李成	inv8ese	男	37

3. 使用 PyMySQL 模块从 Users 表中查询年龄大于 30 岁的用户。

4. 使用 ORM 框架实现上述功能，并增加用户数据查找、增加、修改、删除的功能。

5. 学习使用 SQLite 数据库，在本地创建数据库，在数据库中创建 Users 表，并添加习题 1 中要求的列约束。

6. 使用 sqlite 3 模块在 Users 表中插入习题 2 的数据。

7. 学习使用 group by 关键字，查询 Users 表中男女数量。

即测即练

自学自测　　扫描此码

参 考 文 献

[1] 罗伯特·塞奇威克，凯文·韦恩，罗伯特·唐德罗. 程序设计导论：Python 语言实践[M]. 江红，余青松，译. 北京：机械工业出版社，2016.

[2] 韦斯·麦金尼. 利用 Python 进行数据分析[M]. 徐敬一，译. 北京：机械工业出版社，2018.

[3] 丁艳辉，郑元杰，李晓迪. 编程思维训练指导书：从 Python 程序设计开始[M]. 北京：电子工业出版社，2021.

[4] 王珊，萨师煊. 数据库系统概论[M]. 北京：高等教育出版社，2014.

教师服务

感谢您选用清华大学出版社的教材！为了更好地服务教学，我们为授课教师提供本书的教学辅助资源，以及本学科重点教材信息。请您扫码获取。

≫ 教辅获取

本书教辅资源，授课教师扫码获取

≫ 样书赠送

管理科学与工程类重点教材，教师扫码获取样书

 清华大学出版社

E-mail: tupfuwu@163.com
电话：010-83470332 / 83470142
地址：北京市海淀区双清路学研大厦 B 座 509

网址：https://www.tup.com.cn/
传真：8610-83470107
邮编：100084